U0264747

河北省高等学校人文社会科学重点研究基地
"河北地质大学自然资源资产资本研究中心"　　　　经费资助

2017 年河北省社会科学基金项目"河北省钢铁企业去产能
生态路径研究"（项目编号：HB17YJ021）

2016 年河北省社会科学基金项目"京津冀协同发展中非首都　研究成果
功能疏解路径及机制研究"（项目编号：HB16YJ021）

河北省钢铁去产能
生态承载力研究

邓思远　　盖丽征　　冯盼　著

地质出版社

·北京·

内 容 提 要

　　河北省是中国钢铁产业的巨头，几乎占据着半壁江山，是名副其实的钢铁大省。钢铁去产能并不是只从数量上压产，还可以从质量上去产能。建立河北省钢铁去产能生态承载体系，找出河北省钢铁企业生态发展存在的问题；评价河北省钢铁生态承载力效率和水平；提出提升河北省钢铁企业生态承载力的路径和对策建议并展望未来绿色生态发展目标。这些都是从质量上实现钢铁去产能的有效路径。

　　本书可为河北省政府部门提供钢铁去产能决策参考，为钢铁企业实际操作去产能提供研究基础，亦可为科研人员等相关人员提供钢铁生态研究的思路参考，还可为我国钢铁企业去产能提供案例参考。

图书在版编目（CIP）数据

　　河北省钢铁去产能生态承载力研究/ 邓思远等著.

—北京：地质出版社，2017.8

　　ISBN 978 - 7 - 116 - 09582 - 3

　　Ⅰ．①河…　Ⅱ．①邓…　Ⅲ．①钢铁工业 - 生态环境 -
环境承载力 - 研究 - 河北　Ⅳ．①X321.222②F426.31

　　中国版本图书馆 CIP 数据核字（2017）第 069144 号

责任编辑：田　野　龚法忠
责任校对：张　冬
出版发行：地质出版社
社址邮编：北京海淀区学院路 31 号，100083
咨询电话：(010) 66554528（邮购部）；(010) 66554631（编辑室）
网　　址：http：//www.gph.com.cn
传　　真：(010) 66554686
印　　刷：北京地大彩印有限公司
开　　本：787 mm×960 mm　$\frac{1}{16}$
印　　张：12.75
字　　数：200 千字
版　　次：2017 年 8 月北京第 1 版
印　　次：2017 年 8 月北京第 1 次印刷
定　　价：38.00 元
书　　号：ISBN 978 - 7 - 116 - 09582 - 3

序

　　钢铁产业生态化是钢铁行业未来发展的趋势。建设生态经济钢铁企业的物质基础，决定着钢铁的规模。钢铁企业生态经济化建设是钢铁企业发展生态经济的战略课题。该书的战略意义表现为：从国家战略层面看，党的十八届五中全会报告指出："打好节能减排和环境治理攻坚战"。从京津冀协同发展看，河北是津京区域的生态支撑区，环绕北京、天津两大直辖市，区域内钢铁企业的发展不仅要追求经济利益，还要统筹生态经济效益，保护环境，节约资源，这就要求河北省钢铁企业首当其冲地追求生态效率，关停并转不利于绿色生态的钢铁企业，高标准、高质量地融入京津冀协同发展中。从河北省钢铁企业发展看，不论是严重的产能过剩，还是严峻的环境污染，压缩钢铁行业产能已箭在弦上，国务院提出五年内压缩8000万吨产能，其中6000万吨落在钢铁第一大省河北。

　　该书的理论意义表现为：用生态经济承载力作为评价指标来评价钢铁企业的不足。以往文献对钢铁企业评价，或者仅从"效率"方面来开展评价，即从生态经济效率来研究，该书用生态经济承载力来评价，使得评价结果更加科学、有效；遵循生态经济承载力适度的评价标准，把生态理念纳入到钢铁生态分析框架之内。因此，该书的生态经济承载力评价理论是对传统效率评价理论的有益补充，对政府制定钢铁产业政策提供可靠的理论依据。

该书的实践意义表现为：把生态经济的理念贯彻落实到钢铁企业的每一个步骤当中，不断地进行技术改造和升级，采用清洁生产、低碳技术等一系列先进的生产工艺技术，不断地降低能源的消耗，减少废水、废渣的产生，提高整个企业资源和能源的综合使用率，从而有利于钢铁企业走新型工业化的道路，提高整个行业的综合竞争力，对实现企业与环境协调发展有重要的理论参考价值。

总之，该书以河北省钢铁生态经济效率为研究背景，以生态经济承载力为主线，并且从经济、环境以及资源三个方面出发，构建河北省钢铁企业的生态经济承载力评价指标体系。从不同的钢铁企业、不同的角度，构建河北省钢铁企业生态经济承载力模型，多维度、多层面地评价了河北省钢铁企业生态承载力。强调了从生态效率和生态水平"质"的角度去产能的可行性。这是该书的创新之处。

科学研究需要勇于开拓进取，需要不断注入新鲜能量，需要脚踏实地的学术气质。值得肯定的是，该书的作者是几位有上进心的年轻人，他们做到了不耻下问，虚心向前辈请教，敢于尝试没做过的事情，敢于挑战比较难的事情。多次深入钢铁企业，搜集第一手资料，反复与企业、政府部门座谈，精心整理数据资料，数易其稿。这种兢兢业业、实实在在做学问的精神是难能可贵的，需要发扬光大。

寥寥数语，权作该书之序言。

前　　言

　　本书撰写人员为河北地质大学自然资源资产资本研究中心、河北地质大学华信学院、河北省水资源可持续利用与产业结构优化协同创新中心、河北省矿产资源开发管理与资源型产业转型升级研究基地成员。在完成河北省社科基金项目的基础上，经过立项、调研、资料整理、数据分析、阅读文献等技术路线和过程，写成本书。

　　本书以河北钢铁集团主要大型钢铁企业，如唐钢、邯钢、宣钢、承钢、石钢、河北敬业、新兴铸管、河北纵横、河北津西、首钢长治等为案例，在深入调研的基础上，分析了河北省钢铁企业生态现状、生态效率和生态水平；运用综合指数评价法，选择"十二五"期间八家大型骨干企业的实际数据，计算了河北省钢铁企业生态承载力；对河北省钢铁企业生态承载力进行了动态分析和横向比较；将河北省与全国有代表性的大型钢铁企业生态承载力进行了比较分析；找出了河北省钢铁企业生态发展存在的问题；提出了提升河北省钢铁企业生态承载力的路径和对策建议，并展望河北省钢铁企业未来绿色生态发展目标。

　　第一章绪论，主要阐述选题的背景及研究的理论和现实意义、研究目的、国内外研究现状和发展动态、梳理本书基本思路和主要的研究内容、采用的研究方法、制作技术路线和阐述本书的创新点，为进一步研究打下基础。

第二章为相关概念及理论基础，主要介绍了在写作过程中依据的理论支撑。包括生态经济的概念及理论、生态系统概念及理论、低碳经济概念及理论、模糊综合评价法的概念及方法、综合指数概念及方法。运用这些理论，指导课题组构建钢铁企业生态承载力的理论框架，并分析钢铁企业生态承载程度。

第三章为河北省钢铁企业发展现状及存在问题。

第一，定性分析河北省钢铁企业的发展现状，了解河北省对钢铁企业的规划及政策支持，河北省钢铁产业优势分析，包括河北省的地理位置、交通优势、资源禀赋、产业集聚、人才优势等。

第二，以石钢、邯钢、唐钢等八家骨干钢铁企业为实例，分析了河北省钢铁企业效率水平。从最能反映钢铁效率的资源消耗强度，包括吨钢耗电、吨钢耗新水、吨钢综合能耗三个方面分析河北省钢铁企业效率水平。

第三，分析了河北省钢铁企业生态水平。从最能反映钢铁企业生态水平的环境保护协调性方面，即二氧化硫排放量、化学需氧量排放量、烟尘排放量三个方面分析河北省钢铁企业生态水平。

第四，分析了河北省钢铁企业弱势。

第五，找出了河北省钢铁企业存在的主要问题。

第六，进行了河北省钢铁企业发展趋势分析。总体看，河北省钢铁企业生态水平的环境保护协调性比较好，三项指标"十二五"期间都呈下降趋势，尽管下降幅度不一样，且有些企业有反弹现象，但一定程度上提升了钢铁企业生态水平。

综上所述，这一章贯穿了对河北省钢铁企业总体发展成效，河北省钢铁企业低碳和生态发展水平，河北省钢铁企业节能、减排、降耗，河北省钢铁企业未来压减产能等进行的分析，通过多重分析找出河北省钢铁企业存在的主要问题以及未来发展方向。

第四章为河北省钢铁企业生态承载力综合评价。

第一，选取了石钢、邯钢、唐钢等大中型钢铁企业为研究对象，构建河北省钢铁企业生态承载力评价指标体系，以八个大型钢铁企业的发展状况来研究河北省钢铁企业的一般特征；并以2008—2015年为区间，通过将河北省钢铁企业各项指标的数据进行无量纲化处理，并进行权重赋值，结合"十二五"期间完成情况，运用综合指数法或模糊评价法，综合评价河北省钢铁企业生态发展程度和水平。

第二，将河北省与全国有代表性的大型钢铁集团进行生态承载力比较评价，选取了河北省3家有代表性的龙头钢铁企业（唐钢、邯钢和石钢），同时，选取了其他省份五家有代表性的钢铁企业（鞍钢集团、攀钢集团、杭钢、济钢和酒钢）进行生态承载力横向比较研究，以说明河北省在我国钢铁产业的位置，以及与其他钢铁企业对比的优势和差距。

通过比较，可以借鉴相对先进的钢铁企业生态经营管理经验、科学技术、钢铁产业政策、企业文化，等等。

第五章为河北省钢铁企业提升生态承载力对策与措施。

第一，针对河北省钢铁企业生态存在的问题进行分析，总结河北省钢铁企业所处的环境、政策措施、面对的障碍及自身的不足。

第二，结合河北省"十三五"规划和河北省钢铁企业压减产能目标，选择河北省钢铁企业低碳生态实现路径。

第三，提升河北省钢铁企业生态承载力及绿色发展对策措施。

第六章结论与展望，主要是对本书研究的主要结论进行阐述，并对研究的不足进行总结。

目　　录

第一章　绪　　论

有专家指出，在需要发展钢铁产业的地方，产能微不足道，例如浙江、福建、广东、广西等；然而，在最不该发展钢铁产业的河北，却搞出了世界级的产能。

根据有关调查，在 20 个严重污染的中国城市当中，17 个属于钢铁产业大省。

提起华北地区谈虎色变的雾霾，罪魁祸首就是煤电。虽然华北地区的煤电比较分散，却造成了严重的空气污染，根据 PM2.5 数据，内蒙古、山西局部地区的煤电相对集中，然而，雾霾却没有华北地区严重。归根结底，就是河北拥有高度集中的钢铁产业。全球钢铁产能最密集的地区当属京津冀周边的地区。众所周知，钢铁产业是高耗水、高污染的行业，而且拥有许多污染成分，从形态上看，有粉尘和气体两种状态的污染。就河北及京津市场需求来看，河北拥有 5000 万吨钢铁产能，就已经完全足够，其中大部分应布局在沿海，使用进口原料。对于中国这样的人口和制造业大国，没必要急切开发自己的矿山。但河北却奇迹般地达到 2 亿多吨产能，而且大部分在河北内陆地区，可以说河北省搞出了世界级产能。

一、研究的背景和意义

（一）研究的背景

作为第二次工业革命最重要的产物之一，钢铁产业是国民经济重要的组成部分，也是重要的基础产业，能为建筑、机械、汽车、造船、家电等产业的发展提供原材料，对国民经济的快速发展起到了重大的支撑作用。同时，钢铁行业是能源、资源、资金及技术密集型产业，是国家实现经济高速增长的重要保障之一。

经过数十年的发展，我国的钢铁行业迅速发展，并且取得了较大的成就，满足了日益增长的建设需求。我国钢铁工业自20世纪90年代起迅速发展壮大，1990年我国粗钢产量为6535万吨，占世界粗钢产量的8.48%；2000年达到12850万吨，占世界粗钢产量的15.51%；2005年达到35323.98万吨，占世界的30.8%。而到了2010年，中国的粗钢产量更是达到62695.6万吨，占全世界粗钢产量的43.7%，远远超过日本和美国，成为世界最大的钢材生产、消费国。

1996年以后，我国的钢铁产量位居世界第一，钢铁消费量位居世界之首。粗钢产量在2008年以后，开始在世界钢铁市场上产生越来越大的影响，推动了我国国民经济的快速发展。2009年以后，我国钢铁产量占据世界钢铁总产量的一半左右。2013年，我国粗钢产量同比增长12.44%，这是我国成为世界上第一产钢大国之后，连续 17 年保持第一（表 1-1）。

表 1-1　2001—2014 年中国和世界粗钢产量

年份	中国粗钢产量/千吨	世界粗钢产量/千吨	百分比/%
2001	151634	852173	17.8
2002	182249	905155	20.1
2003	222336	971052	22.9
2004	272789	1062618	25.7
2005	353239	1147975	30.8
2006	421024	1250098	33.7
2007	489712	1348108	36.3
2008	512339	1343429	38.1
2009	577070	1238755	46.6
2010	626956	1433433	44.3
2011	701968	1538003	45.6
2012	731040	1560131	46.9
2013	822000	1650354	49.8
2014	822698	1670145	49.3

数据来源：2000—2014 年数据来自国际钢铁协会网站（http：//www.worldsteel.ore/z.）

　　传统的钢铁企业发展模式是高耗能、高污染，并且以牺牲环境为代价，能耗占全国能源消费的比例在 15% 左右，占工业能耗的 20% 左右。因此，钢铁行业被称为高消耗、高污染的"大户"。这种经济发展模式并没有实现人与自然的相互协调，没有考虑经济和社会的同时发展。制约我国钢铁企业发展的主要因素是极度匮乏的资源和恶化的生态环境。钢铁行业长期处于粗放型发展，带来了许多环境问题，钢铁行业节能减排工作的成效直接影响着全社会生态化的进程。

继美国次贷金融危机、欧洲主权债务之后，世界经济持续处于低迷的状态，国内的经济也进入了转型期，增长的速度明显变缓，钢铁市场供过于求，日益凸显出产能过剩的问题，钢铁企业的经济效益大幅度下降，需求也变得疲软。扭转粗放型的经营模式、化解钢铁企业产能过剩的危机、治理环境的污染、推进产业结构调整，成为当前我国一项非常艰巨的任务。实现工业化，伴随着巨大的能源和资源的消耗。经济增长主要是投资拉动的粗放型增长模式，工业的生产严重影响着生态环境。反过来，环境的污染又影响着人类社会的存在与发展、经济的可持续发展。解决问题的关键是构建基于生态经济理念的人类与生态协调发展、经济与环境共同进步的可持续经济、社会发展模式。

环境气候问题在国际上备受关注，这已经成为困扰整个人类社会的大问题。

全球气候不断变暖、能源日益紧缺、人口迅速增长、物种濒临灭绝等问题，对人类的生存环境造成威胁。反过来，人类的生产活动也影响环境质量，环境的破坏又对人类的生产和生活产生了方方面面的影响，其主要表现为：能源危机、臭氧层破坏、温室效应、酸雨形成、淡水短缺、森林资源破坏、物种灭绝、沙漠化、垃圾问题、化学污染等。2004 年印度洋海啸，2005 年飓风"卡特里娜"袭击美国东南部，2006 年中国四川遭遇 60 年不遇的旱灾，2007 年中国四川遭遇洪灾，2008 年中国南方九省遭遇雪灾以及汶川大地震，

2009 年 5 月巴基斯坦部分地区气温高达 50℃，2010 年中国西南地区干旱，2011 年日本福岛发生地震致使核泄漏。频频发生的自然灾害引发了我们的深思，同时感受到了大自然对人类的惩罚。工业能耗占我国总能耗的 70% 左右，仅钢铁工业能耗就占到工业总能耗的 15% 左右。钢铁产业是名副其实的"大进大出"的能源、资源消耗大户和环境污染大户。同时，钢铁冶炼过程中又产生很多副产品，对环境造成很大压力。

1. 我国钢铁工业的能源、资源消耗状况

我国是世界上铁矿石需求量最大的国家，被称为"全球吸铁石"，随着经济的高速发展，铁矿石的需求量也急剧增加。国内铁矿石的产量根本无法满足市场的需求，进口铁矿石的数量和比例逐步提高。

2. 钢铁工业产生的环境问题

我国环境污染最主要的来源就是钢铁工业，产生的污染大体上可以分为三大类：水污染、大气污染和固体废弃物。钢铁行业产生的二氧化硫排放量占据工业总排放量的 6% 左右，烟尘所占的比例 5.5%，粉尘占 12.6%；固体废弃物排放量占 16.7%；废水的排放量位居第五，占废水排放总量的 10.3%。

钢铁工业也是温室气体二氧化碳的排放大户，2010 年 79 家国家重点大中型钢铁企业排放二氧化碳为 95552.12 万吨，消耗标准煤为 26036 万吨，而且逐年攀升。而排放废气中的二氧化硫和氮氧化合物

是形成酸雨的主要原因。

钢铁冶炼本身的特点决定着钢铁工业消耗大量的能源与资源，并产生很多副产品，从而对环境造成很大负担。自 1996 年，我国钢铁产量稳居世界第一，产量的攀升加之技术落后，势必需要消耗更多的资源、能源，也造成了更严重的生态污染。这一问题不仅关乎中国的环保问题，也引起了邻国和国际社会的关注。我国钢铁工业基础差且过快发展所带来的环境问题、高能耗、高物耗等生态经济问题亟待解决。

随着钢铁产业产生的一系列资源问题、能源问题及环境问题成为时下研究的热点，钢铁产业政策也成为我国政府重点关注的对象。2005 年，为了应对金融危机、振兴钢铁产业，国家颁布了《钢铁产业政策》；2009 年，为了更好地发展钢铁产业、调整整个钢铁产业的布局，国家出台了《钢铁产业调整和振兴规划》；2011 年，国家又颁布了《钢铁产业生产力布局和调整规划》。这些政策的出台，从侧面反映出环境问题的严重性。在钢铁企业利润不断萎缩、环境不断恶化、能源不断枯竭的大环境之下，如何把生态理念纳入钢铁企业评价体系中，如何把企业生态承载力更为直观地表现出来，以及影响钢铁企业生态经济承载力的因素，研究落后企业的最优发展路径等问题，都是值得研究的课题。

2010 年以来，由于环保的压力，严重制约着钢铁企业的快速发展，国内钢铁企业盈利能力低。和西方发达国家相比，我国的钢铁工业节能减排方面做得还不够。因此，为了进一步降低钢铁工业的能耗和排放，选择更合适的生态经济策略，便成为我们应该考虑的问题。

河北省是钢铁大省，几乎占据着中国钢铁行业的半壁江山。河北省是一个传统的重工业省份，钢铁行业是经济发展的支柱产业，起着举足轻重的重要作用，也是财政收入的主要来源，直接影响着全省经济和社会的稳定与安全。河北省钢铁产业有许多优势，比如经济效益、矿产资源、产业规模以及科技人才，等等。

河北省的大部分钢铁企业主要以粗放型发展模式为主，产品质量差、能耗高、技术落后、环境污染严重等，属于落后产业，这就需要发挥市场机制的作用，优胜劣汰。河北省钢铁企业的主要发展方向是，建设生态型、资源节约型的企业，实现产业生态化和环境友好型的快速转变，这也是河北省钢铁企业的奋斗目标。

促进河北省钢铁产业又好又快地跨越式发展、实现由吨位扩张到结构优化转变，是钢铁产业发展的重中之重，产业政策要为钢铁企业生态经济效率提高创造良好的环境。

（二）研究的意义

目前，我国钢铁行业处于产业结构升级、由粗放型向集约型过渡的关键时期。

如果继续走传统的发展模式，不仅会对大自然和生态系统造成严重破坏，还会给我国自然资源造成巨大的压力，这与我国资源节约型和环境友好型的目标战略相悖。尽管我国钢铁行业的生态承载力效果显著，但是，由于起步比较晚，使得一些配套的法律法规还相当不完善，存在很大的漏洞；相关的人才也是相当缺乏，这些都处于摸索和发展的阶段，无形中阻碍了钢铁行业在生态经济上的发展。目前，我国钢铁行业在生态承载力上还有很多的问题。因此，对于我国的钢铁行业而言，走可持续发展的道路，实现生态经济，任重而道远。

在钢铁工业的快速发展时期，当今社会生态环境日益恶化，企业发展与资源、能源和环境产生尖锐矛盾的关键时刻，钢铁企业的生态经济承载力、环境损失状况的综合评价，需要树立以人为本的科学发展观，以新的"生态经济"理念作为依据。提出钢铁企业向生态经济化转型，建设生态化钢厂的设想是顺应时代发展要求的，无论是对政府出台钢铁行业相关产业政策，还是对钢铁企业制定发展战略都有很强的参考价值。主要表现在以下几个方面。

1. 战略意义

1）从国家战略层面看：党的十八届五中全会报告指出：打好节能减排和环境治理攻坚战。环境污染是民生之患、民心之痛，要铁腕治理。2015 年二氧化碳排放强度要降低 3.1% 以上，化学需氧量、氨氮排放量都要减少 2% 左右，二氧化硫排放量要减少 3% 左右、氮氧化物排放量要减少 5% 左右。《中共中央关于制定国民经济和社会发展第十三个五年规划的建议》指出：改革环境治理基础制度，建立覆盖所有固定污染源的企业排放许可制，支持绿色清洁生产，推进传统产业绿色改造，推动建立绿色低碳循环发展产业体系。

2）从河北省钢铁企业发展看：无论是因为严重的产能过剩，还是因为严峻的环境污染，钢铁行业的产能压缩已箭在弦上。国务院提出全国 5 年内压缩 8000 万吨产能，其中 6000 万吨落在钢铁第一

大省河北省。据统计，河北省全省的钢铁产能为 2.86 亿吨，2013 年
4 月，工信部公布了首批 45 家符合《钢铁行业规范条件》的钢企名
单，河北省钢铁企业无一上榜。河北省出台的《环境治理攻坚行动
方案》和《大气污染防治行动计划实施方案》确定了钢铁行业的整
顿计划，提出到 2017 年底钢铁产能削减 6000 万吨，到 2020 年再削
减 2600 万吨。也就是说，"十三五"期间在不增加一吨钢铁产量前
提下，河北省要砍掉 30% 的产能。目前，河北省正整肃钢铁行业，
进行钢铁行业结构调整，实现绿色高效发展，并对削减燃煤总量、
降低粉尘排放、加快重污染企业搬迁等做出了具体部署。具体来说：
一是淘汰过剩产能；二是钢铁产业转型升级；三是和下游产业链匹
配以产定能；四是低碳环保，绿色生态。

3）从京津冀协同发展看：河北省是京津冀区域的生态支撑区，
环绕北京、天津两大直辖市。区域内企业的发展不仅要追求经济利
益，还要统筹生态经济效益，保护环境、节约资源。但是，长期以
来，河北省的产业结构中重工业所占比例比较大，例如，钢铁、建
材、化工以及电力等，导致了河北省持续重度雾霾、酸雨严重、水
位下降等诸多生态问题。京津冀协同发展要求河北省环境治理要大
见成效，空气质量改善程度要明显高于以往，这就要求河北省钢铁
企业首当其冲地追求生态效率，关停并转不利于绿色生态的钢铁企
业，高标准、高质量地融入京津冀协同发展中。

2. 理论意义

1）本书用生态经济承载力作为评价指标来评价钢铁企业的不

足。另外，以往文献对钢铁企业评价，或者仅从"效率"方面来开展评价，即从生态经济效率来研究，本书用生态经济承载力来评价，使得结论更加科学、有效。

2）本书遵循生态经济承载力适度的评价标准，把生态理念纳入分析框架之内。因此，本书的生态经济承载力评价理论是对传统效率评价理论的有益补充；对政府制定钢铁产业政策提供可靠的理论依据；也对河北省钢铁企业提升竞争实力、做好节能减排工作，实现企业与环境协调发展，有重要的理论参考价值。

3. 实际意义

1）能够以新视角来确定钢铁企业的竞争地位。钢铁行业发展之初，衡量钢铁企业实力强弱的标准是产能和规模，"高耗能、高污染"并不是一个企业的缺点，反而是一个国家或者地区发展水平的标志，只要产量高就能获得较大的效益。随着环境急剧恶化，人们开始认识到环境也是生活的一部分，开始重视"生态经济"。"高耗能、高污染"的观念不再被人们认可，钢铁行业生态经济效率是大势所趋，本书从生态和经济两方面，以生态经济承载力角度对钢铁企业开展研究。评价钢铁企业经济和生态的综合效果，并以此来明确钢铁企业在市场中的竞争地位，并进一步确定企业的生态经济发展战略。

2）企业能够更为客观地确定规模扩张战略。为制定钢铁企业中长期投资计划，解决企业发展与社会、环境之间的矛盾提供理论依据。根据本书研究测算的结果，可以分析出企业是否有利于生态效果的提高，是否有利于经济效益的提高，结合钢铁企业生产经营的目标，制定更为科学的规模扩张战略。

3）生态经济是钢铁行业的理性选择。生态经济作为一种先进的发展理念和发展方式，是国际社会为了摆脱资源和能源困境、消除环境危机而不断探索出的一种新的经济形态。现如今，生态经济已成为世界经济发展的大趋势和潮流，各国、各地区和各行业都在推行生态经济。钢铁行业顺应世界潮流，发展生态经济，构建生态经济的钢铁企业是明智的选择。实践表明，钢铁行业适合发展生态经济，能取得巨大成效。因为钢铁产品不同于铁、铜、铝等常用工业原材料，它的性能相对稳定并且不易损耗，可以反复利用、反复回炉，也不影响自然属性。生态经济的理念应该真正贯彻落实到钢铁行业的每一个环节当中，不断地进行技术改造和升级，采用清洁生产、低碳技术等一系列先进的生产工艺技术，不断地降低能源的消耗，减少废水、废渣的产生，提高整个行业资源和能源的综合使用率，从而有利于钢铁行业走新型工业化的道路，提高整个行业的综合竞争力。

4）发展生态经济是钢铁行业应对绿色贸易壁垒的关键举措。自从中国加入WTO之后，我国钢铁产量和出口量逐年上升，对国外钢铁行业造成了巨大的压力。外国政府为了抑制我国钢铁产品的出口总量，争取高科技行业和经济发展的制高点，出台了相关的法律法规和政策，企图通过建立"钢铁产品准入制度"扭转对我国钢铁贸易逆差的现状。其中，最突出的就是美国。美国国会每年例行提出的"对中国钢铁产品反倾销诉讼案"，这实际上就是变相提高钢铁的科技含量的要求。美国利用国际贸易格局当中经济和政治的优势，不断对我国的钢铁行业实行贸易保护主义，施加各种压力。这种背景下，中国作为钢铁产品生产及出口大国，只能通过改变原来的经济生产模式进行强有力的反击，努力提高钢铁企业的生态承载力，也唯有这样才能在激烈的国际竞争中立于不败之地。

5）河北省钢铁企业防止污染、缓解资源瓶颈的必经之路就是发展生态经济。大力发展生态经济，才能走出能源损耗过多、资源枯竭的困局。河北省要想摆脱"三高"的威胁，必须兼并重组、淘汰落后产能，推行生态经济的新型发展模式。治理污染的投资比例更趋于合理化，在节能增效的同时，减少污染物排放，使环境质量得到改善。如果河北省钢铁行业继续走"三高"道路，将会受到法律制度、产业准入制度、项目审批立项限制和经济限制措施等多种制约，终究会被市场淘汰。"据统计，我国钢铁行业每年所排放的工业废气、废水、废渣排放总量占到了全国工业企业排放废气、废水、废渣总量的10%～15%，其中二氧化硫排放量高居第三位；粉尘排放量占总量的25%，居第二位；烟尘排放量居第四位。"面对环境污染的严峻现实，必须发展生态经济，构建生态型、经济型行业，才能更好地为河北省的环境保护工作做出贡献。

6）有利于引导钢铁企业打破行业之间的局限，合理利用各种气体、渣、尘泥、氧化铁皮等钢铁生产流程中产生的副产品，使工业废物再利用，有助于节约能源，保护环境，寻找企业新的经济增长点。

7）为政府出台相关钢铁产业政策提供定量依据。河北省处于工业化的关键时期，钢铁产业是经济的基础产业，其发展可以带动大批产业的发展。因此，政府先后出台了多项产业政策，促进钢铁产业持续、快速的发展。不合时宜的产业政策有时会对钢铁企业造成无法估量的负面影响，而好的产业政策对钢铁企业发展起到事半功倍的作用。新形势下，政策的出台，不仅要考虑提高钢铁企业的经济效益，更要重视钢铁工业对生态的影响程度，以牺牲短期的经济效益来换取钢铁产业长期的可持续发展，实现企业与生态的共同繁荣。科学产业政策的出台，需要认清形势，需要充分了解目前钢铁企业生态经济水平，首先明确优先提高经济承载力，还是以改善环境为首要目标。本书对钢铁企业的生态经济承载力的分析结论，有利于相关政府部门制定更为科学、合理的产业政策。

作为社会公认的高能耗、高污染的产业，钢铁产业加速构建生态经济系统步伐、实现低碳发展，是转变经济增长方式、建设环境友好型、资源节约型社会的必然选择。钢铁企业发展生态经济是社会发展到一定程度的必然要求，也是面临资源和环境挑战的结果，更是对子孙后代负责任的必然选择。钢铁企业生态经济作为环境科学研究领域的前沿，应给予高度的重视。建立钢铁企业生态经济，对于河北省提高综合实力、提高竞争力具有重要的实际意义。

本书通过理论联系实际，研究基于生态经济的理论基础，探索研究国内外先进钢铁企业发展生态经济的实践经验，找出河北省企业集团目前存在的不足，提炼制约其发展的关键问题和约束条件，并结合河北省的资源禀赋和现有产业体系特点制定有效的发展模式。为河北省钢铁产业建设生态经济系统、实现低碳发展、走出经营困境，提供理论基础和实践参考。

二、研究目的

目前，河北省钢铁企业数量最多，是钢铁第一大省，拥有112家，70%是民营企业。河北省钢铁产业为经济发展做出了巨大贡献。近几年来，随着钢铁行业的发展，环境监测数据表明，人们的生活质量和出行严重受到雾霾强度和频度的影响。特别是石家庄、唐山、邯郸、沧州和邢台这几个城市。在治理大气污染方面，河北省政府和企业均面临着史无前例的压力。生态环境保护对于整个河北省的协同发展具有重要意义。就生态问题而言，河北省是名副其实的重灾区，面临着重大的挑战：政府方面，如何兼顾地方经济和生态保护的协调发展；企业方面，如何提高生态经济的效率。因此，实现河北省钢铁行业生态化、环境友好化转型势在必行。

2014年受到亚太经合组织峰会的冲击，河北省制定了空气质量保障措施，划分了实施阶段、控制范围，同时落实了主要的污染物和控制源。2014年，河北省发布了《河北省大气污染防治行动计划实施方案》，指出，到2017年，全省将达到减少压缩钢铁生产量6000万吨的任务要求。全省三分之一的钢铁企业面临着淘汰，对限产限停企业进行不同指导、强调工作内容的重点、协调好工作实施的进度，等等。

河北省是京津冀区域的生态支撑区，环绕北京、天津两大直辖市。区域内企业的发展不仅要追求经济利益，还要统筹生态经济效益，保护环境、节约资源。然而，长期以来，河北省重工业（钢铁、电力、建材以及化工等）所占的比例比较大。

多年的发展导致了河北省持续重度雾霾、酸雨严重、水位下降等诸多生态问题。2016 年，河北省继续加大化解产能过剩的力度，年内压减炼钢产能 800 万吨、炼铁产能 1000 万吨。到"十三五"末期，河北省钢铁产能要控制在 2 亿吨左右。"十三五"期间，河北省环境治理要大见成效，空气质量要明显改善，PM2.5 浓度较 2013 年下降 40%，争取早日退出全国空气质量污染严重的城市后十名。

钢铁产业生态化是钢铁行业未来发展的趋势。建设生态经济钢厂的物质基础，决定着钢铁的规模，用好各种资源，促进河北省资源的优化配置，依靠技术进步推动经济发展，实现经济增长方式的根本转变，是新时期河北省钢铁企业发展生态经济的重要目标。钢厂生态经济化建设投入是钢铁企业发展生态经济的战略课题，对生态化项目建设投资效率进行研究，有利于优化投资结构，节约资源，使有限的投入发挥最大的效益。因此，为了促进河北省钢铁企业生态经济的发展，要寻找描述钢铁产业生态化的指标，构建钢铁企业生态化模型，评估钢铁企业的生态化程度，这就需要既科学又合理的综合评价方法进行客观的评价，进而为政府和企业提供科学的可供参考的依据。

本书以河北省钢铁生态经济效率为研究背景，以生态经济承载力为主线，并且从经济、环境及资源三个方面出发，构建河北省钢铁产业的生态经济承载力评价指标体系。选取主成分分析法消除评价指标之间的相关影响，进行指标降维。从不同的钢铁企业、不同的角度，构建河北省钢铁产业生态经济承载力模型，从而为促进河北省钢铁产业生态化转型，节能减排降耗，找出差距，提供改进对策和措施。

三、对国内外相关研究成果的梳理

21 世纪以来，国内外学者越来越关注生态经济。本书主要梳理了国内外生态经济的进程，国内研究主要综述对我国钢铁企业生态经济相关的研究，主要是对节能减排、循环经济及低碳经济方向进行了归纳和总结。国外动态主要介绍了国外研究的现状及发达国家的实践。

（一）国内研究动态

近年来，国内学者对于钢铁企业节能减排、循环经济、低碳经济方向的相关研究日渐增多。本书所涉及的生态经济主要是从节能减排、循环经济及低碳经济三个方面进行着手。

1. 与钢铁企业节能减排相关的研究文献

刘志平、蒋汉华（2002）在《我国钢铁工业节能展望》一文中，论述了 1990 年以后，我国钢铁工业在节能降耗方面取得的显著成果，主要是围绕结构调整对节能所起的作用进行了详细的分析，并且对未来钢铁工业如何提高能效进行了深入的探索。研究结果表明，钢铁工业只能依靠节约大量能源，调整节能结构，才能实现生态经济。

殷瑞钰（2002）在《节能、清洁生产、绿色制造与钢铁工业的可持续发展》一文中，从产业制造链和商品价值的角度分析问题，并且深入讨论了钢铁企业绿色制造、节能降耗以及清洁生产等一系列问题，强调了优化钢铁制造流程系统的重要性，分析了钢铁企业要通过绿色制造、清洁生产以及节能实现环境友好型生产。最后，还对钢铁企业的生态链以及未来钢铁企业扮演的角色进行了展望。

苏天森（2007）在《当前中国钢铁工业节能减排技术重点分析》一文中写道，中国钢铁行业的产能大幅度增加的同时，节能降耗工作也取得了明显的进步，但是，与先进国家相比较，单位能耗还是存在很大的差距。节能降耗主要包括淘汰流程化、节能减排和淘汰落后三项先进技术。目前，节能减排技术已经应用在电机节能、公共节能减排、管理节能减排等方面。

周维富、吕铁（2007）在《美国钢铁工业的调整与改造及对中国的启示》一文中指出，美国调整和改造钢铁工业的方法主要有几个方面：①推进传统钢铁产业的改造和升级；②推广最新的工艺流程，大力发展电炉小钢厂；③推进钢铁企业间的兼并与重组。通过这几种方法，积极培育区域经济的多元化，获取领先的市场地位。除此之外，该文对短流程电炉钢进行了重新定位，积极调整政府相关的产业政策，保证合理的工资制度都做了引导。

王彦（2007）提出，钢铁行业由于受到资源和能源的限制，其发展必须走循环经济的道路。

舒型武（2008）在《钢铁工业节能减排的途径》一文中指出，

钢铁行业是污染物和能源消耗大户，因此，也是最具潜力的节能减排行业。该篇文章分析了钢铁行业节能减排的主要途径，包括：采用成熟的先进技术，并且努力提高二次能源的利用效率；应用先进的污染控制指数，大力消减污染物的排放量；淘汰、关闭落后的设备、技术和工艺；建立和完善科学合理的钢铁工业节能减排评价指标体系。

胡俊鸽、周文涛、毛艳丽（2008）在《韩国钢铁工业的现状及发展趋势》一文中，阐述了"浦项"为代表的韩国钢铁工业近年来生产的基本情况、供需状况、产品结构的特点、产业竞争力以及对外贸易，并且探讨了浦项钢铁企业的优势及劣势，对其未来的发展趋势进行了预测，深入分析了韩国钢铁企业在其经济发展过程中发挥的作用，以及所处的地位。

娄湖山（2009）在《钢铁工业节能减排的历史重任》一文中，重点阐述了我国钢铁工业能耗的现状、污染物排放的现状，深度剖析了与国际先进钢铁企业存在的差距及原因。与此同时，还研究了钢铁企业联合重组取得的新进展，指明了未来我国钢铁行业发展的大方向和节能减排的目标。

柳克勋、王林森（2010）认为，节能减排、发展循环经济的重要途径是发展短流程钢铁企业，这也是实现可持续发展的必经之路。

唐国华、陈海燕（2010）以重庆钢铁集团公司为例，介绍了垃圾焚烧发电技术，这就为发展循环经济和生态经济，建立资源节约型和环境友好型的生态文明做出了巨大贡献。

2. 与钢铁企业发展循环经济相关的研究文献

殷瑞钰（2000）在《绿色制造与钢铁工业》一文以可持续发展为出发点，阐述了绿色制造工程的概念、内涵、方法，以及绿色制造技术出现的问题，并且讨论了环境友好型的钢铁工业。该文还指出，环境友好型的钢铁企业必须从源头上组织污染物生成的新策略，而不是对污染物的末端治理。环境友好型的钢铁企业包括选择好的资源、能源以及优化制造流程。钢厂污染物排放量的控制、排放物的再资源化、再能源化和无公害处理。此外，还要重视研究钢材生命周期体系的"绿色度"。在文章的结尾指出，钢铁工业未来就是走绿色制造的道路，构筑可持续发展的钢铁工业。

李国团（2006）在《日本钢铁企业发展循环经济的做法》一文中指出：日本实现了从"技术立国"向"环境立国"的过渡，这就使日本的钢铁企业更加密切关注循环经济。为了提高钢铁企业的整体竞争力，日本开始建立绿色生态产业体系。从原料采购、产品制造、市场销售的每个环节都尽可能地节省能源、降低对资源和环境的负荷。建立绿色产业链，将其推广到实物流通、信息业、服务业等社会活动中，积极促进资源和能源的再生，形成资源 – 产品 – 再生资源的循环产业。高度重视绿色循环经济的教育和培训。发展循环经济能够降低生产成本、提高资源利用的效率、保护生态环境以及增强企业的竞争力。欧美在循环经济理论的研究是走在前列的，但是，日本却在实践方面做得更好。

张福明（2006）在《新一代钢铁厂循环经济发展模式的构建》一文中，深入剖析了钢铁工业在发展过程中存在的问题，提出了钢铁工业发展循环经济的新型经济增长模式。新一代钢铁企业实现循环经济，必须具备产品制造、能量转换及吸纳社会废弃物三种功能，钢铁企业生存和发展的必由之路就是发展循环经济。

徐匡迪（2006）在《钢铁工业的循环经济与自主创新》一文中，介绍了中国钢铁工业的现状，找出我国大中型钢铁企业存在的问题。该文还阐述了在过去的 50 年当中，钢铁工业从工艺技术转向工程科学的进程，主要包括两个阶段：①平衡的钢液还原；②炼到不平衡的凝固和轧制方面。21 世纪，钢铁工业要实现可持续发展，就必须成为循环经济的标杆企业。在循环经济指导思想之下，钢铁企业应当开发新品种、新技术、新工艺及新型的冶金装备。

金晖（2007）详细地介绍了钢铁企业发展循环经济的过程中，原料准备的重要作用，并且指出了钢铁企业发展循环经济的过程当中，每个环节都很重要。

徐大立（2006）根据钢铁企业的特点，结合循环经济的思想，建立了钢铁企业循环发展的新型经济增长模式。

门峰、潘贻芳、刘子先等（2007）在《循环经济型钢铁企业的探索与实践》一文中，指出了钢铁工业发展循环经济的必要性，根据自身的发展特点，提出了钢铁企业发展循环经济的新途径。文章以天津钢铁有限公司为研究对象，立足于发展循环经济的实际情况，以提高资源利用效率的循环发展为切入点，不断探索循环经济型企业的发展模式。

林涤凡（2006）阐述了钢铁企业发展循环经济的基本途径，深层次分析影响我国钢铁企业可持续发展的制约因素。

吴月明（2008）认为，时代需要的就是大力发展循环经济，当然，循环经济给钢铁企业提出更高的要求的同时又给企业提供了新的发展机遇。

李钒、侯远志（2008）根据我国钢铁企业的实际情况，提出了发展循环经济的可选模式。

刘树梅等（2009）根据钢铁企业的实际情况，对我国钢铁企业发展循环经济的实践进行了深入的探索，这使得我国钢铁行业在循环经济方面有了进一步的发展。

柳克勋、王林森（2009）详细地阐述了长流程钢铁企业这么多年的实践探索和经验，并且介绍了长流程钢铁企业发展循环经济的新模型。

张燕（2008）指出，钢铁企业是能源和资源消耗的大户，只有发展循环经济才能实现可持续发展。

程君（2011）分析了钢铁企业如何实现循环经济，并且提出了一些解决途径。

3. 与钢铁企业发展低碳经济相关的研究文献

柳克勋等（2010）指出，我国钢铁工业发展低碳经济面临的重重困难，提出了钢铁企业实现低碳化和生态化战略目标的具体思路。

李训东（2010）阐述了淮钢企业通过自主创新、应用前沿的节能技术、节能管理机制、发展循环经济、构建节能文化体系，积极推动淮钢企业的低碳经济发展，成功创造了生态文明的实践。

柳克勋（2010）认为，发展低碳经济是一项系统工程。目前，从我国的实际情况出发，钢铁企业向低碳经济转型，将会是一个漫长和艰难的过程。

自玲（2010）指出，现阶段，对于钢铁企业而言，能够实现丰富回报的低碳产业机会。

马光宇、黄晓煜（2010）认为，低碳经济是企业实现可持续发展的必经之路。

李树勤（2010）在低碳经济的大环境下，对钢铁企业的发展战略进行了深层次的研究。

陈雪莲、傅秋生（2010）指出，低碳经济是钢铁企业与生态环境协调发展的重要举措。

严晓云（2011）以常州市两家钢铁企业为研究对象，阐述发展低碳经济的现状和出现的问题。揭示常州钢铁业发展低碳经济中在正确引导、技术研发等方面存在的问题，针对这些问题，提出调整战略、转变观念、改进技术、实现行业间兼并重组的对策建议。

鲁莉莉、史仕新（2011）认为，钢铁行业使用较多的煤炭，为了能够实现可持续发展，必须改变经济发展方式。

肖彦（2011）以国内四家上市钢铁企业为研究对象，建立了一套低碳经济视角的钢铁企业社会绩效评价体系，并且提出了一些提升钢铁企业社会绩效的策略。

目前，以我国钢铁行业节能减排和生态经济的承载力分析或为研究对象的研究成果已有很多。但是把二者结合起来研究我国钢铁行业节能减排的生态经济研究成果较少。所以本书将把两者之间联系起来进行研究。

（二）国外研究动态

1. 国外研究现状

第一次能源危机之后，钢铁工业降低成本、增强竞争力的重要途径就是节能减排。同时，引发了一些发达国家的学者或者专家对钢铁工业整个生产流程与节能减排有关的生产环节的研究。陆续开发了一些资源循环再生利用和节能减排的新技术，全方位降低了钢铁工业生产过程中资源及环境的负荷。

在众多研究钢铁工业节能减排的学者当中，Gielen 等在低碳方面的研究具有深远的影响，他在 2002 年研究了日本钢铁行业的碳排放政策，使得钢铁企业在低碳方向的发展更进了一步，为后来钢铁企业的发展奠定了坚实的基础。

Gielen（2003）对钢铁行业去除二氧化碳的主要方法进行了深入的研究，并测算了钢铁行业二氧化碳回收的基本成本，使得钢铁行业在低碳发展方面有了新的突破。

Lee（2008）分析了钢铁行业的产品结构和环境规制，并且对韩国 1982—2001 年以来钢铁行业的限制成本函数进行了估算。

Demailly 等（2008）根据钢铁行业的特点，通过产量和盈利两个维度量化分析欧盟交易计划的竞争力和影响力。

Sheinbaum 等（2010）采用两种分析方法（国际比较法和对数

平均 D 氏指数方法）对 1970—2006 年墨西哥的钢铁工业的能源消耗和二氧化碳排放进行了分析和评估。他还指出：在 1970 年至 2006 年期间，初级能源的使用增长不是 133%，而是 227%，燃料消耗导致的二氧化碳排放增加了 134%。然而，墨西哥的钢铁行业在能源使用效率额上取得了重大的突破，逐步缩小与国际先进水平的差距。由 1970 年的 103% 降到 2006 年的 15%，使用效率有了惊人的提高。

Yih-Liang Chan D 等（2010）研究了中国台湾地区钢铁工业在 2000—2008 年内，共计 118 家钢铁企业能源消耗的情况。研究表明，通过采用先进的设备和工艺以及节能技术，使得二氧化碳的排放量减少了 217866.5 吨，等同于 5836 公顷森林每年吸收二氧化碳的总量。除此之外，中国台湾地区建立了一个节约资源的区域性数据库，并且，在节能方面，指出了具有潜力的环节。

Ren 等（2011）、Choi 等（2011）研究了钢铁工业在碳减排上存在的主要问题。

Qun 等（2011）研究了钢铁行业能效及其影响因素。

综合上述，国外研究大多学者是在某一具体层面的问题上利用特定的方法开展研究，但对于钢铁企业生态经济承载力尚未见更详尽的研究与论证。

2. 国外钢铁企业生态经济实践

近几年，能源短缺成为世界上各国共同存在的问题，加之世界上各国越来越关注环境的保护，各个国家根据自身的情况以及本国钢铁企业发展的现状和特点，积极采取了相应的对策和措施，确保经济、环境和能源之间协调发展。

1970 年到 1980 年期间，国外钢铁企业采取很多有效的节能减排措施，包括连续铸钢、高炉炉项余压发电（TRT）、热装炉轧制和连续退火、干熄焦废热回收再利用技术等，同时再对钢铁企业的生产结构进行改造，企业逐步实现了设备规模化和生产集中化，节能减排的幅度明显提高。

1980 年到 1990 年期间，国外的钢铁行业不断提高节能减排的技术，并且采取了一些切实可行的措施，包括提高钢铁生产过程中的换能效率、高炉喷煤技术、加强废热余热回收利用等，并对污染采用了更为先进和全面的方法进行控制。

国外钢铁企业逐步向超大型化发展。韩国这样的企业拥有四家，占当年韩国钢产量的 65%；2004 年，日本仅五家这样的企业所生产的钢材量就占整个日本当年钢铁总量的 75%，美国、俄罗斯等大国的几个大型钢铁企业的产能，在本国总产量的比例中也比较高。国外钢铁企业朝着规模化发展，这样有利于资源配备、降低生产成本和销售成本。在这些规模化的钢铁企业生产的钢铁产量占据本国钢铁总产量的比例比较高，有利于国家对钢铁企业进行宏观调控。

在国际上，大型化的钢铁企业拥有更多的发言权，在资源谈判和价格谈判中处于优势地位。

（1）德国

德国是世界上最早开展循环经济的国家。1996 年，德国颁布的《循环经济和废弃物管理法》中第一次出现循环经济的概念。之后，德国钢铁产业进行了重大的调整，主要体现在 2000 年德国科技部提出的钢铁工业可持续发展方案上。主要有以下几个方面（表 1 - 2）。

表1-2 德国科技部提出的钢铁工业可持续发展方案

序号	主 要 内 容
1	在材料和产品革新方面，为了同时满足相关环保要求和客户对高质量产品的需求，许多科研工作都致力于开发高强度钢，采用先进技术减少钢材质量
2	在开发新工艺、简化或缩短生产流程方面，鼓励联合开发
3	在回收利用副产品如炉渣、泥浆、粉尘方面，德国制定了重新再利用的战略规划；德国每年生产大约1300万吨炉渣，包括高炉炉渣、转炉炉渣、电路炉渣及其他炉渣；其中高炉炉渣利用率达到了100%，炼钢渣的利用率也超过了90%；德国还有一个炉渣研究所，一直在进行扩大炉渣使用范围的研究
4	严格地规定三废排放标准；规定冶金企业不得向外排放污水，工业污水处理标注也细化到化学氧含量以及废水中来源于冶金及其后过程的重金属元素，强调工艺水的广泛流通及污水和收集的地表水的利用，现已建成了钢厂特殊用水污染控制和水资源保护系统；德国钢铁工业废气需经过一次除尘、二次除尘，甚至是三次除尘才能被投入循环使用中

除此之外，德国钢铁行业经过不断努力，大幅度削减单位产品的能源消耗，降低能够产生温室气体的还原剂使用量，最终取得了不错的经济效益。

（2）美国

1970年，美国颁布了保护环境的基本章程——《环境政策法》。

目前，美国的环保工作已从强调传统的终端治理转变为对生产线开始端的污染控制和污染减少。钢铁工业与其他企业形成了共生关系和工业代谢，建立了生态产业链，这样就大大节约了资源，基本实现零排放。美国积极推广最新的钢铁工艺流程，其节能降耗的措施主要有：采取热装热送、直接熔炼，并且先开发出废钢电炉薄板坯连铸连轧工艺，尽量减少工序转换过程中的能源消耗；先后投入数十亿美元，应用于喷煤技术的应用以减少焦炭用量，淘汰效率低的老旧设备，多数钢厂不得不关闭炼焦炉，进口焦炭，以减少能源的消耗；对高炉进行技术改造，增加顶压发电，提高炉顶气体利用率，利用煤炭燃烧，配合使用预热废铁的电炉熔炼，为电炉提供热铁水。

美国深入研究了钢铁企业中能源消耗和节能减排之间的关系，并且对制约钢铁企业生产的生态和经济因素，通过分析分解的方法进行剖析。通过比较分析钢铁生产过程工艺结构的最佳可利用方法，推测钢铁产业节能减排的能力。

在废弃物回收利用方面，美国一直处于前列。由于美国废钢积蓄量比较大，根据钢铁产品生产的流程，总结了一套废弃物采集、回收、储存、运输、转化处理的系统，以此保证了美国钢铁工业在世界上的竞争地位。

2009 年 2 月，美国通过了刺激经济方案，总额达 7870 亿美元，主要的投资领域是新能源。新能源也成为振兴美国经济的战略重点。

（3）日本

由于日本缺乏资源，所以，节能政策在能源政策中占有举足轻重的地位。

经过多年的发展，在能源利用效率方面，日本的钢铁企业一直处于世界领先水平。

经受了两次石油危机以后，日本大力开发节能减耗技术，全面推行能源节约政策，并且成立了系统管控钢铁企业能源的能源中心，这使得能源消耗急剧下降。1979 年 10 月实施了《节约能源法》，1998 年和 2003 年进行了两次不同程度的修订。1996 年以后，我国的钢铁产量超过日本，但是其产量仍然保持在 1 亿吨左右，但是，这就给能源匮乏的日本带来了巨大的能源供应压力。在这期间，节能技术的应用和环保政策的实施起到了重要的支撑作用。表 1 - 3 所示，就是日本钢铁节能政策和措施实施的两个阶段，并且详细地列出各个阶段的特点。

表 1 - 3   日本钢铁节能政策和措施的两个阶段

阶　　段	时　　间	各个阶段的特点
第一阶段	1973 年至 20 世纪 90 年代	这一阶段的特点是通过节能求存；1973 年第一次世界石油危机以后，石油价格暴涨带动了各种矿产品和能源价格的上涨，由于日本的原材料和能源基本上依靠进口，这无疑对日本来说是个很大的冲击，加之石油危机使得世界经济发展停滞，日本的钢铁 30% 左右依赖出口，这就对日本的钢铁工业十分不利；为了保持竞争力和生存，日本钢铁企业采取了淘汰落后产能和节能技术的节能措施；这些措施的实施，使得每吨钢能耗快速下降，1973 年 100 千克标准煤/吨，1975 年 98 千克标准煤/吨，1980 年 89 千克标准煤/吨，1985 年 80 千克标准煤/吨，由于 1990 年钢铁产量上升，仍维持在 80 千克标准煤/吨

阶　段	时　间	各个阶段的特点
第二阶段	20世纪90年代至今	这一阶段的特点是可持续发展方针推动节能、环保技术的进一步发展和提高；20世纪90年代，日本泡沫经济破灭后，国内钢材需求下降，日本一方面在日本团体联合会的同意部署下，组织各行业制定以减排二氧化碳为中心的2010年企业节能环保志愿计划，推动了钢铁行业新一轮节能环保技术的发展，该计划主要针对两个问题，建立循环型社会和防止全球变暖，提出了具体的节能目标，要求到2010年钢铁企业生产所用的能量比1990年减少10%；日本钢铁企业一方面通过保持合理规模在新体制下大力发展高端产品的出口

这两个阶段的节能政策和措施增强了日本钢铁企业的国际竞争力，而且使日本成为世界上吨钢能耗最低的国家，成为国际钢铁能耗的"标杆"。

（4）韩国

韩国的钢铁工业起步比较晚，但是，十分重视节能环保的问题。由于韩国的市场经济以计划为主，政府就会干预节能政策的制定以及实施。这种干预主要体现在三个方面：①合理规划产业结构。为了更好地发展钢铁工业，1970年韩国政府颁布了《钢铁工业育成法》，规定了扶持钢铁工业发展的有关政策、法律。为了使高炉厂保持规模效益，加之韩国缺乏高炉用的炼焦煤和铁矿石，所以，只允许浦项一家钢铁企业建高炉，而其他企业就发展电炉钢。电炉需要的废钢一半需要进口，一半是在政府组织下，大力开展全民回收废钢。实践证明，这一政策是对的，韩国钢铁工业迅速发展，并且成了韩国的核心企业，高达 50%。②大力投资环保节能设备。韩国政府十分重视钢铁企业的节能环保问题，1980 年，韩国成立了能源管理工团，其目的就是降低能耗，执行国家节能计划，提高能源的利用效率。此外，韩国还制定了"五年经济能源节约计划"，将包括钢铁行业在内的 194 个高耗能行业作为节能的重点，并且号召全民节能，规定每年 11 月为节能月。在韩国政府的积极倡导之下，钢铁企业也十分重视环境保护的问题。韩国钢铁协会表示，"钢铁产业作为大型设备产业，随着国内外越来越重视环境问题、环保及节能的压力将日益增加"。③重视节能技术的开发和应用，如图 1–1 所示，政府对三个研究阶段的支持重点有所不同。共用性强、风险大、应用面广是前两个阶段研究开发的特点。一般情况下，企业没有实力进行这样的研发，因此，政府支持的重点是基础性研究和共用性强的产业技术研发。在政府的支持之下，韩国钢铁企业开发了大量的节能减排技术。例如，浦项钢铁公司和奥钢联一起开发了 FINEX 流程。粉铁矿的价格比块状铁低，而且世界上有 60% 以上的矿产资源是铁粉。FINEX 流程工艺可以直接使用粉铁矿，这样就省去了烧结的造块或者粉矿造球的过程，这就大大降低了生产成本和环境的负荷。韩国在节能技术上仅次于日本，从钢铁生产主要技术来看，高炉炉顶压发电为 100%，连轧为 99%，干法熄焦发电上当前应用水平为 50%。这些都是河北省钢铁企业未来将要走的道路。

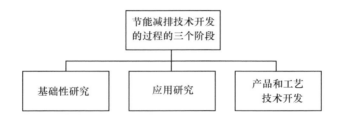

图 1-1　节能减排加护开发过程的三个阶段

虽然上述发达国家钢铁工业的发展各不相同，但是这些钢铁企业的出发点都是生产方式，注重生产过程的二次利用和"三废"的回收利用。从产品和工艺上，发达国家钢铁工业的发展主要经历了三个阶段（表1-4）。

表 1-4　发达国家钢铁企业的发展经历的三个阶段

阶　段	观　念	特　　　点
第一阶段	优先发展经济	大量消费和废弃自然资源，不注重环境的保护
第二阶段	同时兼顾经济与环境	由"被动污染"向"主动治污"积极转型
第三阶段	发展生态循环性社会	新一轮的产业升级，从最佳生产、最佳消费、最少废弃三方面入手

综上所述，在研究钢铁企业发展的视角和方法上，国内外学者有很明显的差异。我国钢铁企业研究的范围主要是节能减排、循环经济和低碳经济等方面，但是国内钢铁企业生态经济发展研究创新性较少，大多借鉴国外的理论研究。国外学者的侧重点是，钢铁企业节能降耗以及减排的具体实施方法。目前，这些具体措施的相关研究较为成熟，也出现了一定的研究文献。如何使其钢铁企业在生态经济承载力范围之内更好的发展，如何顺应生态发展的趋势又能

在现实的困境中实现发展，是国内外学者有待研究的一个命题。

四、研究方法

本书既注重理论分析，又注重实践调研，主要采用了文献研究、实地调研、比较分析、统计分析、模糊综合评价、综合指数、综合评价、宏观与微观相结合等方法。

文献研究法：本书通过阅读大量国内外相关理论文献，掌握国内外钢铁企业生态经济的研究进展，分析了目前关于钢铁企业生态经济的研究现状。

实地调研法：深入河北省钢铁企业进行实地调研，尽可能多地获取第一手资料。

比较分析法：本书通过与河北省九家钢铁企业的比较，设计河北省钢铁企业应该采用的发展模式。

统计分析法：选取有代表性的大型骨干钢铁企业的资源指标、社会指标、生态指标，对河北省钢铁企业生态发展现状进行调研、整理、分析、归纳、预测。

模糊综合评价法：这种方法能够从经济、环境、社会等多方面出发，综合评价河北省钢铁企业，避免了传统企业只重视企业经济效益，忽视企业的生产经营活动对环境、社会影响的片面性。

综合指数法：钢铁企业生态经济涉及了生态学、经济学、环境学等多方面的理论，仅依赖一种理论很难把握钢铁企业生态经济的本质，以及指导钢铁企业生态经济的实践。

综合评价法：构建评价指标体系，利用综合指数法或者模糊评价法，评价河北省钢铁企业生态发展的程度和水平。

宏观与微观相结合法：对钢铁企业生态经济效率研究属于微观分析，其目的一方面是确定钢铁企业生态经济发展情况与同行相比哪方面有缺陷，并制定措施促进其进一步发展；另一方面是通过微观分析的结论，掌握河北省钢铁工业的发展状况，为制定科学合理的钢铁产业政策，这就从微观分析过渡到宏观研究。

五、解决的关键问题和创新点

（一）解决的关键问题

1）实地调研分析了河北省多家钢铁企业发展现状、生态环境现状、低碳效率现状。

2）运用综合评价法，对河北省钢铁企业生态承载力进行了实证评价和分析。

3）针对评价结果和国家对河北省钢铁压减任务分解，提出了"十三五"时期河北省钢铁企业压减产能所需要的绿色生态预期目标。

（二）创新点

1）以河北省多家主要钢铁企业为案例，构建了适合河北省钢铁企业的生态承载力综合评价指标体系，从低碳、生态、环境、效率多层面对河北省钢铁企业生态效率和生态承载力进行了评价、分析，经查阅没有发现相同研究成果。

2）针对河北省钢铁企业未来压减产能需要的绿色生态水平，提出了对策措施并进行预期目标展望，是一次钢铁行业实践层面的新尝试。

六、技术路线

根据本书的基本思路及研究框架，在系统理论思想指导下，规划并制作本书的技术路线图（图1-2），以清晰的思路明确本书的研究过程。

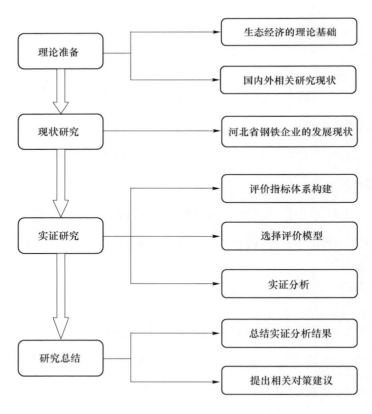

图1-2 技术路线图

第二章 相关概念及理论基础

一、生态经济的概念及理论

（一）生态经济的概念

生态经济是指在生态系统承载能力范围内，运用生态经济学原理和系统工程方法改变生产和消费方式，挖掘一切可以利用的资源潜力，发展一些经济发达、生态高效的产业，建设体制合理、社会和谐的文化氛围以及生态健康、环境优美的外部环境。生态经济是实现经济发展与环境保护、人类生态高度统一与自然生态、物质文明与精神文明的可持续发展型经济。生态经济是一个"经济－社会－自然"复合型的生态系统，不仅包括物质代谢关系、能量转换关系、信息反馈关系，还包括结构、过程和功能的关系，具有生产、供给和生活等功能。

（二）生态经济的内涵

生态经济的研究起点是生态环境的承载能力，运用经济学和系统工程学两种理论学科，实现了生产与消费模式的转变，最终达到了经济、社会与生态环境的和谐统一。生态经济可以实现经济发展、社会发展与生态环境保护、人与自然和谐统一的新型生态经济发展模式，这种经济发展模式能够真正实现可持续发展。生态经济与经济发展的协调发展，围绕人类经济活动与自然生态之间的关系，研究生态经济结构、效益、规律、功能、平衡以及生态经济的数学模型和宏观管理等内容，旨在促使社会经济在生态平衡的基础上实现可持续发展。生态经济以人类的经济活动为中心，研究生态系统和经济系统形成的复杂系统中发生的各种问题。生态经济不仅研究经济发展和环境保护之间的关系，还有自然资源浪费、环境污染、生态退化等问题。进而揭示生态经济发展、运动的规律，找出人类社会发展和生态发展相适应的对策及建议，最终促使生态经济一体化。由此可见，生态经济的本质就是把生态环境的承载能力作为经济、社会发展的根本，建立一个经济、社会与生态环境能够持续发展的良性生态经济系统，最终实现经济、社会发展与生态环境保护的可持续发展。除此之外，生态经济学为解决环境问题，制定经济政策和正确的发展战略提供了有力的科学依据。

（三）生态经济的原则

生态经济产生与发展历史背景的独特性，以全新生态环境观来作为人类发展经济的原则，赋予了它在经济学道路上的新的历史意义，指导人类的生产与生活方式。同时，也让人类对待自然环境的问题，有了更加深刻的认识；发展经济同时，能更多地考虑对生态环境造成的压力和破坏。

1. 经济效益与生态效益相统一原则

经济和生态处于一个统一体中，生态经济的内在要求就是既要实现经济的大力发展，又不对生态环境产生不利的影响，甚至能够逐步改善生态环境恶化的现状。环境乐观主义者认为，技术能在预见的范围内解决生态问题。环境悲观主义者没有正视先进的科学技术工作者为改善生态环境做出的贡献，认为现在的科学技术水平不能够解决所面临的生态环境问题，但是无论是环境乐观主义还是悲观主义者，对科技在生态保护中产生的作用都是片面的。经济效益与生态效益相统一的原则，就是在生态这个框架中通过采用最有效的方法管理生态资源，使得所有的资源都能够得到充分有效的利用。生态经济中经济与生态效益的统一是一体的，不能用片面的、割裂的、机械的方法看待它们，而是要用发展的、整体的眼光看待两者发展的前景。生态系统整个容量与自净能力决定了社会发展的最大程度，所以将社会系统看作是整个生态系统的一部分。人们越接近生态的最大值，经济发展的余地越小。经济的发展依靠的是生态的供给，生态的保持与恢复需要合理利用科学技术，发挥主观能动性保护与发展生态经济，才能使得人类的进步走向最远。

2. 可持续发展原则

经济发展的效果会受到人类与自然环境的关系的影响，经济发展的水平和程度受到生态环境所能承受的能力的制约，只有人们不断地修正自己的价值观和文明，才能更好地去维护自己的生存空间。与此同时，人们还要不断地约束自己的行为。人类向自然获取资源的合理管控，虽然不能解决人类经济发展的过程中产生的所有问题，但可以成为人类社会文明发展程度的标志。因此，发展生态经济可以体现出一个国家的文明程度，衡量生态经济的标准是能否满足更多人的需要。这种需要，不仅仅是满足当代人们生活的需要，还有未来人们的需要。生态经济为未来的发展预留资源，是生态系统内部诸要素之间的综合平衡发展。走可持续发展之路，既要综合统筹好经济增长方式，又要兼顾技术发展方向的问题，这是能否实现生态可持续的经济发展的关键。人们应该以持续长远的获利作为一个重要的衡量标准，不计未来耗损、只顾眼前好处的经济发展，都被视为不科学、不理性的发展。人类在经济发展中应该考虑这些问题会对未来产生什么样的影响，不能只顾眼前的短期利益，不计较未来的得失，而是用发展的眼光去发现和处理这些问题。要想实现经济的不断发展，就要考虑经济发展给生态环境带来的破坏和影响，为子孙后代保护好赖以生存的自然生态环境。

3. 人与自然的协调发展原则

人类是在对自然资源不断认识的变化中开展经济活动的。初期，人类对自然的认识是充满恐惧的，非常有限的。随着人类认识和了解的深入，人类越来越希望与自然能够共同发展。只有坚持人与自然协调发展的原则，才能让人类的发展与自然的供给出现长久平衡的和谐。一旦人类的发展超越了自然承载能力的限度，就会造成人与自然关系严重失衡。人与自然关系的失衡是由很多因素造成的。主要包括几个方面：

1）认识自然的水平有限。在历史上的每一个阶段，人们认识自然的水平都会受到当时经济、政治、文化以及宗教的影响，所以人与自然的关系在每一个阶段都有特点，显示出阶段性。

2）受到价值观的影响。正确的生态环境价值观将影响生态环境的保护成果，错误的生态环境价值观不会认为它带给人类未来的价值有多大，只会认为资源带来的最直接最现实的益处。人类在实现自身发展的同时，也应兼顾对自然造成的影响。因为人类改造自然的行为具有双重性，既有积极的一面，又有消极的一面。当人们能够准确地识别自然规律，能正确地认识人与自然之间的关系时，就能够提高人类对自然的适应能力；如果人们对自然法则把握不好，摧毁自然原有的状态，将会产生意想不到的恶果。因此，生态的破坏、环境的污染等人类在发展经济的过程中所产生的一系列环境问题，最终都将由人类承担。

3）经过工业化的洗礼后，科学技术水平有了长足的进步和发展，人类对科技水平抱有异常自信的态度，觉得人类的科技水平可以解决一切问题。发展生态经济对自然产生的影响，明显不同于传统经济发展模式对自然所造成的后果，生态经济的发展将直接影响今后经济发展的效果。

（四） 生态经济理论

20 世纪 20 年代中期，美国科学家麦肯齐 （ Mekenzie） 第一次把动物生态学与植物生态学的概念运用到对人类和社会的研究，提出"生态经济学"的概念，主张经济分析必须考虑生态学的过程。

1948 年，新古典经济学家马歇尔受到斯潘塞社会进化论思想的影响，认为"经济过程是动态演化的经济学，不过是广义生物学的一部分"。受马歇尔思想启示，"竞争"一度成为新古典经济学中的核心机制，众多经济学家都用自然选择的类比逻辑来强化其理论和模型的说服力，认为生态社会学能够丰富和完善新古典经济学理论，并认为竞争是成本最小化、实现效用最大化并导致均衡的"发生器"。弗里德曼的 As – If 理论认为，无论企业如何对其生存策略进行选择，市场竞争的结果总是使最有效率的企业生存，能够生存下来企业就是有效的。此后，"适者生存"经常性地成为主流经济学评价竞争政策制定的依据。Alchian 认为，经济行为主体是有限理性的，优胜劣汰的自然法则促使每个经济主体都采取最适合自身生存的行为，而不是每个经济主体都总是采取追求利润最大化的行为。生物学家 Maynard Smith 对演化博弈论进行拓展，发展出演化博弈中的稳定策略。经济学家运用稳定策略到经济行为的演化过程中，由于演化博弈论提供了比传统理论更符合实际的研究方法，以及更精准的主体行为预测方法，而得到生态学家和经济学家的重视。

1962 年美国海洋生物学家莱切尔·卡逊（Rachel Carsen）发表了著名的科普读物《寂寞的春天》，这本书解释了近代工业对自然生态的影响，生动地描述由于滥用杀虫剂所造成的危害，真正结合经济社会问题开展生态学研究。

20世纪60年代后期，美国经济学家肯尼斯·鲍尔丁在《一门科学——生态经济学》中，第一次正式提出了"生态经济学"的概念。这篇文章对利用市场机制调节消费品的分配、资源的合理开发利用、环境污染、控制人口以及国民生产总值衡量人类福利的缺陷等进行了深入的论述。后期经济学家列昂捷夫对生态环境和经济发展关系进行了定量分析研究，使得生态经济学得以量化研究。生态经济学（ecologicaleconomics）是一门研究生态和经济系统复合系统的结构、功能、规律和生态经济效益等的边缘学科，为促使社会经济生态平衡实现可持续发展提供了理论保障。

在人类发展过程中，一个带有战略性意义的问题是：如何认识发展与环境之间的关系？这一问题直接关系到人类未来的生存与发展。20世纪以来曾经出现过把发展与环境问题对立起来的两种有偏向的思潮。首先出现的是经济增长决定论的发展观念。这种发展观念把国内生产总值（GDP）或者国民经济生产总值（GNP）的增长视为发展的主要指标甚至是唯一指标。受到这一理论的影响，20世纪50~60年代世界经济出现了发展高峰，但是，这种高速发展是以牺牲环境为代价的。在这种背景下，20世纪60年代后期出现了以罗马俱乐部为代表的、以零增长或反增长为特征的另一种发展思想。该组织公开发表了《增长的极限》，指出人类传统的增长方式已经扰乱了人类的生存环境，使资源量在更新之前日益减少，因而必须改变这种经济增长方式以及人与自然的关系，以求得人类的生存。《增长的极限》的发表，引起世界范围内人们对当代环境、能源、人口、粮食和资源这五大问题的激烈讨论和密切关注，使人们意识到所面临的问题的严峻性。与之有近似观点的一部著作是由英国著名生态学家爱德华·歌尔德史密斯为首的一些科学家编著的《生存的蓝图》，这本著作与《增长的极限》同一年发表，具有倡导性并且主要是开展生态经济的研究。从社会经济和自然生态两大系统综合考虑，提出了改革所谓"后工业社会"的基本方案，以及这一改革所要达到的原则目标，即达到作者所设想的"平衡稳定的社会"。许多科学家把这本书看作是生态经济方面最基本的一本著作。

与这两本书观点相对立的是朱利乐·西蒙和美国的赫尔曼·卡恩所著的三本代表作。朱利安·西蒙在《最后的资源》一书中，严厉抨击了罗马俱乐部研究问题的方法，认为人类资源用之不尽，恶化只是工业过程中的临时现象，人类的生态环境日益好转。人口将在未来自然达到平衡，粮食在未来不会成为问题。无论哪种观点，都承认当代人类面临严重的生态环境问题，提出了许多有价值的观点，具有借鉴意义。几十年以后，派生出一种比较现实的观点，该观点主张追求社会经济的持续稳定的增长，经济与生态和谐发展。罗马俱乐部总裁奥雷里奥·佩西所著的《未来的一百页》和美国科学家莱斯特·R·布朗的《建设一个持续发展的社会》就是这方面的具有代表性的著作。他指出，要实施全球性的战略和政策，就要把世界引入可治理的状况。卡恩在《即将到来的繁荣》和《世界经济的发展——令人兴奋的 1978—2000 年》这两本书中谈到美国和世界所面临的无限繁荣的机会。他回顾了人类社会的全部历史，并且指出，从 1800 年到 2200 这 400 年是工业革命到后工业社会的过渡时期，是具有潜力的未来社会的"伟大转变时期"。

1972 年联合国在瑞典首都斯德哥尔摩召开人类环境会议，这次会议被看作是有关发展与环境问题的第一个里程碑。这次大会通过了《人类环境宣言》，具有划时代意义。这次会议的主题没有直接关注发展与环境之间的相互依存，侧重于讨论环境问题，但是已经迸出了可持续发展的火花。

1980 年，世界自然保护同盟等组织、许多国家政府和专家共同制定《世界自然保护大纲》，大纲第一次提出了可持续发展的思想。

1991 年对《世界自然保护大纲》进行了续编《保护地球——可持续生存战略》，对大纲"既要发展，又要保护"的思想做了进一步的阐述。

1992 年在巴西里约热内卢召开联合国环境与发展大会，这是关于环境与发展问题的第二个里程碑。这次大会通过了五个重要文件，并且把经济、社会发展与环境问题结合起来，树立了发展与环境相互协调的观点，找到了一条在发展中解决环境问题的思路。以这次大会为标志，人类对发展与环境的认识提高到了发展与环境密不可分的新阶段，联合国环境与发展大会使生态经济理论得到确立，是人类生活方式和传统发展模式的一个里程碑。

生态经济学强调的是要把生态系统与经济系统的多种相关要素联系起来进行综合分析，要求经济社会与生态环境协调发展，达到生态经济的最优目标。生态经济尊重生态原理和经济发展规律，它要求把人类经济社会发展与其所依托的生态环境作为一个整体。

生态经济理论的提出，为保护生态环境、改进资源配置提供了可能。经济社会发展要遵循生态经济学理论。只有经济活动中对自然资源的利用不超过自然的自我调整能力，维护自然生态系统的可持续性、可修复性、再生性，自然生态系统的承载力就会越高，人与自然的协调才会越好。从社会角度来看，随着经济的发展，人类对资源和环境的影响趋于转向良性，生态资源和环境资源的利用效率相应提高，参与环境保护的人群逐渐扩大，保护生态与环境的资金投入也越来越多，人类社会将会逐步进入和谐社会的形态。表 2 - 1 主要是生态经济主要理论和内容，表 2 - 2 列出了生态经济理论的几个主要观点。

表 2 - 1　生态经济主要包括的内容

基本理论	主要包括的内容
生态经济基本理论	具体内容有社会经济发展与自然资源、生态环境的关系，生态价值理论，人类生存、发展条件和生态需求，生态经济效益和协同发展等
生态经济区划、规划与优化模型	生态经济区的规划和区划是社会经济建设首要前提，然后通过对城市和农村的发展特点进行模型的优化，以此达到生态经济系统的最佳效益模式
生态经济管理	生态经济系统管理的主要内容，通过构建生态经济系统指标体系和评价标准，建立一系列的管理体制
生态经济史	对于土地生态经济历史问题的探究，可以为生态经济建设提供指导经验，其历史问题的存在不仅反映了历史普遍性，还有历史的阶段性

表 2 - 2 生态经济理论的几个主要观点

生态经济理论主要观点	各种观点包含的具体内容
生态系统是一个竞争性的系统，并遵循"物竞天择，适者生存"的自然法则	生态系统是在生物与生物之间相互依存、相互竞争，生物与其所赖以生存的环境之间相互适应、相互作用的过程中形成的；一种生物只有成为竞争中的胜者，才能生存下来，否则，就会被系统所淘汰；生态系统还具有在结构上的稳定性和功能上的特定性；在经过长期的自然竞争和演化之后，生态系统的结构就变得相对稳定；如果一个生态系统达到相对稳定的状态，那么它就具有了特定的功能和作用
生态系统中的物种是多样性的，并且能够达到平衡状态	生态系统的演化是一个长期的过程，在这个过程中，生态系统中的物种构成逐渐由简单到复杂进行演化，最后达到一种相对稳定的均衡状态，称为生态平衡；生态平衡的特征是，在平衡状态下，不仅系统中生物的种类以及数量均保持相对稳定，而且系统中能量的输出入交换基本达到一致；只有当生态系统达到或保持平衡状态时，系统内部的能量流动和物质循环才是最有效率的
生态系统的平衡是动态的	生物具有典型的生命周期性，会经历出生、生长和衰亡的变化过程；生态系统的某些具体特征，如结构、产出水平等均不会保持某一特定状态或特定值，而是不断波动不断变化的，但在正常情况下的波动是在一定范围之内的；生态系统的演化过程就是一个不断打破原来的平衡状态，再形成新的平衡状态的过程

（五）生态经济的基本特征

生态经济在人类社会发展的历史长河中被认为是具有里程碑意义的。生态经济的概念是由美国学者莱斯特·R·布朗首先提出来的，他认为，"一种经济只有尊重生态学诸原理才会是可持续发展的"。此后，生态经济得到了前所未有的关注。生态经济研究的最重要内容就是如何实现人类经济、社会发展以及生态环境三者之间的相互统一。实现经济的可持续发展，就必须遵循生态环境的发展规律；倘若违背这些规律，必定盛极而衰，最终面临全面崩盘。生态经济把人类经济、社会以及生态环境纳入一个相互影响、相互制约的统一系统之中，这也是生态经济区别于以往任何一种经济发展模式的主要特征。

生态经济学不仅研究经济发展和环境保护之间的关系，还研究资源浪费、环境污染、生态产生的原因以及控制方法，经济活动的环境效应，环境治理的经济评价，等等。此外，它还以人类的经济活动为中心，研究生态系统和经济系统相互作用形成的复合系统及其运动过程中出现的各种问题与矛盾，寻找经济发展和生态环境发展相互适应、保持平衡的对策和途径，揭示了生态经济发展的规律。更为重要的是，生态经济学的研究成果还会作为解决环境、资源等问题，制定正确发展战略的科学依据。总体来看，生态经济主要有以下几个特征。

1. 系统性

生态系统中的每一个物种都是生态系统不可或缺的组成部分，

它们之间是相互联系、相互影响的，任何一个物种都不能离开其他生态系统中的组成部分而独立存在。生态经济是由人、社会、生态的经济生产系统等多个子系统组成，是生态系统和经济系统的统一体。它涉及了生态、经济、科技等多个学科，具有很强的综合性，解决了社会经济和自然资源的问题和矛盾。生态经济学将社会科学与自然科学结合起来，从生态经济系统的整体角度，用系统、全面、动态、发展联系的观点研究各个部分物质和信息的交换，任何一个环节、一个子系统的不和谐都会影响整个系统协调性的发挥。生态经济系统综合考虑了经济发展、人类社会与生态环境之间的关系，实现人类与经济发展、生态环境与生态保护协调发展，追求人类、社会、自然的协同发展。

2. 层次性

生态经济还具有层次性，主要从横向和纵向两个角度来考虑。如表2-3所示。

表2-3　生态经济的层次性

分　类	各类主要内容
从横向来看	各种层次区域生态经济问题
从纵向来看	各种社会生态经济问题的研究，以及各专业类型生态经济问题的研究，例如，森林生态经济、水域生态经济、农田生态经济、草原生态经济以及城市生态经济等

3. 循环性

生态经济系统能量流动遵循熵定律，包括物质流动和能量流动，物质流动具有循环性，生态系统中产生的废弃物经过处理可以循环再利用；而能量流动不可以循环，最终以热的形式消散。生态经济提倡资源利用的循环性，以此来缓解经济增长带来的负面效应，使生态系统的经济积累、物质循环、信息交换、科技创新能够稳定发展，实现优化高效。循环再生性是保持生态经济与发展的重要因素。

物质生产源于自然，然后再分解到自然，但是，这种循环需要很长的时间才能平衡和再生。

生态经济形成反复轮换利用资源和循环再生机制的经济发展模式，重新处理回收资源，变成新能源重复利用，通过循环再生利用系统，节约能源资源，打破了过去过度开采一次性利用自然资源的做法，促使经济效益、生态效益及社会效益最大化。

4. 高科技性

生态经济的高科技性主要是指运用先进的科学技术，尽可能减少资源的浪费，不断地提高资源的利用效率，实现资源的优化配置和生产工艺水平的提升，实现经济的可持续发展。生态经济强调生态与经济共同发展，同时兼顾经济与生态利益。生态经济不排斥科学技术，不是片面地认为为了生态环境，就放弃经济发展。在生态经济当中，经济是一切发展的前提和基础，科学技术是经济发展的必要手段，经济的发展必须依赖科学技术。因此，高科技是生态经济的显著特征。适度有效利用高科技，进行科技创新和改革，是保证人类创造更多的物质财富，促进经济飞跃，维持生态系统的先决条件。同时，"高效、低耗"的资源利用方式，又使生态环境得到了恢复和喘息的机会。

5. 战略性

社会经济的发展。不仅要追求近期和局部的经济效益，而且要考虑长远和全局的经济效益，在满足人们物质需求的同时，要确保自然资源能够再生，永久保持人类生存、发展的良好生态环境。生态经济的研究从宏观上指出社会经济的发展方向，并且以生态经济系统整体效益优化为目标，极具战略意义。

6. 地域性

生态经济的地域性是指在利用资源上具有空间的持续性。通常情况下，生态经济的研究对象为一个国家或者一个地区，具有明显的地域性。一个区域自然资源的开发利用，不能影响其他区域对自然资源的开发利用。自然资源具有共享性，人类对自然资源、生态环境的安全进行共同的维护。

7. 可持续性

生态经济的可持续性，主要是指再利用资源方面具有时间上的持续性。可持续发展是指经济的发展既能满足当代人的需求，又不以牺牲子孙后代的资源为代价，不给后代的生存发展造成威胁。生态经济调整经济结构模式、优化产业升级结构，把经济发展作为可持续发展的动力源泉和一切发展的物质基础。生态经济把生态环境和经济发展、当前利益和长远利益、局部利益和全部利益结合起来，使发展具有持续性、长远性、全局性、公平性。人类在社会经济的发展过程中，如果毫无节制地利用自然资源，当代人只顾眼前利益，就会使后代人无法再享有自然带给人类的资源财富。因此，当代人在发展经济的同时，应更多地考虑后代人对自然资源的需求程度。正如胡锦涛所说："可持续发展就是要促进人与自然的和谐，实现经济发展和人口、资源、环境相协调，坚持走生产发展、生活富裕、生态良好的文明发展道路，保证一代接一代的永续发展。"

8. 人本性

综合整体考虑人、社会和自然三者之间的联系是生态经济的出发点。实现人类社会经济的发展、满足人们不断增长的物质需求，是发展生态经济的最终目标，而人类是生态经济的发展主体。同时，经济的发展又促进了人类文明的不断进步。

从上面论述中可发现，生态经济的这些特征，都是由它本身所具有的内涵引申出来的。通过对生态经济的特征分析，可以发现，生态经济就是实现经济发展、人与社会的发展、生态环境保护等多方面的统一。与粗放型的传统经济发展模式相比，生态经济发展模式具有经济、社会、环境的综合效益，这也就是生态经济发展模式的最大益处。总而言之，生态经济学的研究不同于传统经济学，生态经济学把生态和经济当作一个不可分割的有机整体，改变了传统经济学的研究思路，促进了社会经济发展新观念的产生。

二、生态系统概念及理论

（一）生态系统的概念

生态，就是生物与其赖以生存的环境在空间上的统一，它反映的是生物与环境的相互关系。1859 年，达尔文发表《物种起源》，这是第一部研究生物与环境关系的著作。在这本书中，达尔文指出，在一定环境条件下的生存竞争中，适者生存，不适者淘汰。

20 世纪 20 年代，奥地利生物学家贝塔兰菲将生物与环境看作一个大系统，他用数学的方法和模型进行研究，提出生命现象的自组织性、有序性，开创了研究一般系统论的先河。从此以后，人们对生物与环境关系的认识进入系统论阶段。

生态系统（Ecosystem）一词是英国植物群落学家、生态学家坦斯利 A. G. Tansley 在 1935 年首先提出的。生态系统是指在自然环境的一定空间内，生物与环境构成的统一体。在这个统一体中，生物与环境相互作用、相互制约，并且两者在一定时期内处于相对稳定的动态平衡状态。到了 20 世纪 50 年代得到了广泛的传播和承认，到了 60 年代已发展成为一个综合性很强的研究领域。

20 世纪 60 年代以后，生态系统就倍受学术界的重视，与生态系统相关的研究成为学术界的研究热点，主要包括：自然生态系统的结构、特性、功能、平衡以及内在调节机制的失衡及其修复、生态系统的可持续发展以及自然生态系统的保护等方面。

生态系统这个概念，"指一定地域内生存的一个生物群落与环境相互作用的，具有能量转换、物质循环代谢和信息传递功能的统一体"（贺庆棠，1999）。生态系统实际上就是在生物群落概念的基础上，再加上非生物的环境成分（如阳光、温度、湿度、土壤、各种有机或无机的物质等）就构成了生态系统。也可以说，生态系统是指在一定空间内，由生命（生命群体的植物、动物、微生物）和环境（无生命环境的太阳能、大气、土壤等）组成二者之间不断物质循环、能量流动和信息传递而相互作用、相互依存，形成一定结构和功能的有机体和功能单位。生态系统可以形象地比喻为一部机器，是由许多零件组成，这些零件之间靠能量的传送而互相联系为一部完整的机器，生态系统是由许多生物组成的，物质循环、能量流动和信息传递把这些生物与环境统一起来，联系成为一个完整的生态学功能单位。

生态系统是达到一定稳定性的功能单位，由具有一定结构的群落、种群等生物物种成分和非生物成分通过物质循环和能量流动的相互作用、相互依存而构成的一个整体。在自然界中，只要在一定空间内存在的生物和非生物成分通过相互作用达到某种稳定的功能状态，即使存在的时间是短暂的，都可以视为一个生态系统；所以，生态系统并不一定是空间意义上的巨大系统，在满足一定的条件下一个小池塘也可以构成一个生态系统。生态系统不论大小，都具有4个共同的特征，如表2-4所示。

表 2 - 4　生态系统的特征

序号	生 态 系 统 的 特 征
1	具有完整的生态学意义上系统的结构和功能单位
2	生态系统具有自我调节能力，生态系统越复杂，自我调节能力也越强
3	生态系统是动态的开放系统，都要经历一个从简单到复杂、从不成熟到成熟的发育和演化的过程，在演化的不同阶段，生态系统会表现出不同的系统功能特性
4	能量流动、物质循环和信息传递是生态系统的三大功能，生态系统中能量流动是单方向的，物质运动是循环式的，信息传递是网络化的，从而表现出整体性的系统功能

（二）生态系统的组成成分与类型

生态系统由生物群落和无机环境组成。生物群落是生态系统中的生物组成部分，包括生产者、消费者和分解者。生产者是生态系统的主要成分，包括各种绿色植物，也包括光合细菌。消费者是以动植物为食的异养生物，它们通过捕食和寄生关系在生态系统中传递能量。分解者是一类异养生物，同时也是生态系统的必要成分，它主要是以各种真菌和细菌为主，也包含屎壳郎等腐生动物。生态系统一般可分为自然生态系统和人工生态系统。自然生态系统包括陆地生态系统和水域生态系统。陆地生态系统可分为热带雨林、针叶林、冻源、荒漠生态系统；水域生态系统有海洋、湿地生态系统。人工生态系统则可进一步分为城市、城郊生态系统等。无机环境指非生物的物质和能量，包括阳光、水、空气、无机盐、有机质等其他所有构成生态系统的基础物质，是生态系统中的非生物构成部分。

（三）经济系统

1. 经济系统的概念

经济系统有广义和狭义之分。广义上来说，指物质和非物质生产系统中互相联系、互相影响的若干经济元素组成的统一整体，如国民经济系统、区域经济系统以及部门经济系统。狭义上来说，通过生产、消费、交换、分配等环节相互联系、相互影响的若干经济元素组成的统一整体，这4个环节分别完成不同的工作任务，担当不同的职能，贯穿于社会再生产过程中。通常按照部门划分经济系统，划分为工业部门、农业部门、教育部门、交通部门、旅游部门等。

2. 经济系统的特性

经济系统具有整体性、结构性、层次性和开放性4个特性。如表2-5所示。

表 2 – 5 经济系统的特性

整体性	整体性主要是指经济系统与经济元素相互依赖；一方面，经济系统由经济元素组成，离开了经济元素，就不存在经济系统；另一方面，经济元素离不开经济系统，离开了经济系统的经济元素也就失去其原来的意义；经济系统不是各经济元素的简单相加，优化的经济系统远远大于各经济元素的总和；经济系统与经济元素相互作用，一方面，各经济元素有相对的独立性，并反作用于经济系统；另一方面，经济系统对经济元素起决定、支配作用
结构性	结构性是指组成经济系统的各经济元素互相结合的方式，合理的经济结构可以保持经济系统的活力，发挥更大的经济效益
层次性	层次性是指经济系统中各经济元素之间存在的地位、等级和相互关系；这一特性表明经济系统的区分是相对的；经济系统的层次与层次之间的关系决定了经济系统的多层次性，它要求我们重视经济层次的动态有序性，以保持系统的相对稳定性
开放性	开放性是指经济系统与其他系统进行物质、能量和信息交换的特性；自然界存在的系统都是开放系统，绝对封闭的系统是不存在的；这就要求我们要善于创造和运用有利的外部条件发展经济

（四）生态经济系统

自生态经济诞生以来，就得到了人们的广泛关注。我国学者周宏春、刘燕华（2013）分别提出广义和狭义的生态经济。广义的生态经济是指围绕资源高效利用和环境友好所进行的社会生产与再生产的活动；狭义的生态经济是指通过废物再利用、再循环等社会生产和再生产活动来发展经济。美国学者莱斯特·R·布朗这样界定："生态经济是一种有利于地球的经济模式，就是能够满足我们的需求而又不会危及子孙后代满足其自身之需的前景。"并且他认为，经济只有尊重生态学诸原理才会是可持续发展的，同样，一种经济要想能持续进步，就一定得遵循生态学的基本原理；如果违背这些原理，就一定会由盛转衰，江河日下，终至崩溃。非此即彼，绝无他途。生态经济学就是从最广泛的意义上阐述生态系统与经济系统关系的交叉学科，它以生态经济复合系统为研究对象，探究生态系统要素与经济系统要素相互作用的关系，以及复合系统物质循环与能量流动的一般规律。

生态经济系统是由生态系统和经济系统通过技术中介以及人类劳动过程所构成的物质循环、能量转化、价值增值和信息传递的结构单元。它的建立过程就是生态系统、技术系统与经济系统中人口、需求、生产、技术、资源和生态环境相互协调的过程，以达到建立持续发展的良性循环目标。生态经济系统的基本结构是生态系统，一切经济活动都要在一定空间开展，都要依赖生态系统为其输送物质资源与能源。因为经济系统中的人具有主导作用，所以生态经济系统的主体结构是经济系统。人类有意识地通过各种形式调节与控制经济生产活动，使它成为具有一定目的的社会活动，通过社会活动影响和改造生态系统，使生态系统的结构和功能发生变化。技术是人类开发自然、利用自然和改造自然的各种方法、手段和技能的总和。它是联系经济系统和生态系统的媒介。经济系统、技术系统与生态系统的关系，如图 2-1 所示。

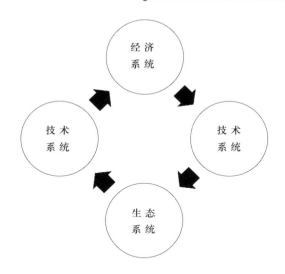

图 2 - 1　生态经济系统构成图

三、低碳经济概念及理论

（一）低碳经济概述

1. 低碳经济的界定

低碳经济是正确处理人类、社会与自然三者之间相互关系的一种新型的经济发展模式。它是一种新的经济价值观，它的目的在于协调人与自然的相互关系，实现人与自然的和谐相处、经济社会的可持续发展，通过对低碳经济的界定和分析，有助于我们更好地认识低碳经济的内涵、起源及发展、提出的背景、包含的内容、构成要素以及特征。

2. 低碳经济的内涵

面对资源的短缺、气候的变化，人类提出向低碳转型的构想。英国政府最早提出"低碳经济"。目前低碳经济（Low Carbon Economy）是风靡全球的人类共同呼声，已成为当前国际社会的核心话题。在《我们能源的未来》中是这样为低碳经济定义的："低碳经济是以低能耗、低污染、低排放为基础的生态经济，其实质是能源效率和清洁能源结构问题，核心是能源技术创新、制度创新，目的是减缓气候变化和促进人类的可持续发展"。低碳经济的实质在于，要求人们实现转变经济发展观念，通过运用新能源研发、能源技术创新、减排技术，尝试走一种全新的经济发展道路。因此，低碳经济是一种新型的经济发展形态，低碳经济的研究是具有一定现实意义并且与时俱进的研究课题。发展低碳经济，符合中国的国情，同时也顺乎世界潮流。发展低碳经济是一场涉及国家权益、生产模式、生活模式的全球性革命。低碳经济是在不影响经济发展的前提下，促进人类的可持续发展。通过技术创新，降低资源和能源消耗，尽可能最大限度地减少污染物和温室气体的排放，实现减缓气候恶化的目标。人类能源利用的发展轨迹，就是一个从高碳时代逐步走向低碳时代的过程，就是从高碳经济走向低碳经济、从不可持续走向可持续、从低效到高效、从不清洁到清洁的过程。

在中国，已经确立了发展低碳经济的道路。低碳经济发展模式被诠释为节能减排、发展循环经济。低碳经济不仅仅符合党的十八大的发展思路，还是实现经济可持续发展和构建和谐社会的必由之路，更是一场涉及生产方式、生活方式和价值观念的全方位革命。中国要全面落实科学发展观并且实现可持续发展，发展低碳经济就要通过制定一系列相关政策措施和制度并予以创新，形成以市场经济为基础、长期稳定的政策向导及激励制度。目前，正在逐步推广的新概念和整套新政策主要有低碳经济、低碳技术、低碳发展、低碳世界、低碳社会与低碳城市等。世界将会逐步迈向生态文明的一条崭新道路，这是经济、社会与环境实行转变的结果，也就是通过低碳经济模式、低碳生活方式，用创新技术及创新机制摒弃传统的经济增长模式，实现可持续发展和生态文明，这也是人类所向往的生活方式。

低碳经济相对一般的生态经济概念具有特殊的内涵。低碳经济不同于一般的生态经济，它体现了新兴的发展理念和科学发展观念，是一种新型的经济发展模式，即在生态系统承载的范围内进行生产和消费，实现经济和生态环境的和谐共处。一般生态经济发展的实质，以经济发展和生态环境的建设为根本，尊重生态原理，遵守经济发展规律，建立经济、社会与自然和谐发展的良好生态系统。而低碳经济是经济领域的新课题，还是能源领域的延伸。作为应对气候变化产生的新型经济发展模式，它的发展侧重于能源和温室气体的减排。同时，低碳经济还是一种科学的经济发展模式，它的发展是在不影响人类生存、生活质量的前提下，不以牺牲人类的利益为代价，遵守市场发展的规律、尊重人类生存的环境，追求人类生产和生活质量的高标准的发展模式。因此，低碳经济不仅仅是建立良好的生态系统，更是一场人类生态环境价值观的伟大革命。无论是发达国家还是发展中国家，都应该发展低碳经济，实行低碳减排策略，把经济发展带来的负面效益降到最低，从而使全社会和后代子孙有公平发展的机会，它是低碳经济所蕴含的内涵的体现。

总而言之，低碳经济是人类经济社会可持续发展的必然选择，它蕴含着经济、社会、生态环境三方面的内涵，其目的在于实现人与自然的和谐相处以及经济社会的可持续发展，这也是人类社会实现生态文明的必经之路。

（二）低碳经济的起源及发展

发展低碳经济已经成为各国的共识，但是，究竟什么是低碳经济、低碳经济的理论基础是什么、该如何发展低碳经济，都没有明确的界定。本章将对低碳经济的相关研究进行综述（表2－6）。

表2－6　低碳经济发展的过程

时　　间	相　关　会　议　及　论　述
2003 年	英国政府出台了能源白皮书《我们能源的未来》，"低碳经济"最早出现在此份文件中；该文件指出，计划到 21 世纪中叶将碳排放量减少到 1990 年水平的 40%，从根本上将英国变成低碳经济国家；提出提高能源的利用效率，采用可再生能源，并寻求碳捕获与封存技术实现低二氧化碳排放、资源消耗和环境污染最小化和经济发展的最优化；英国早已从对工业革命的反思中意识到，资源的匮乏和环境的破坏带给人类威胁
2006 年	《斯特恩报告》指出，如果人类再不采取行动削减碳排放，将为时晚矣；该报告建议通过建立碳市场、加强国际协同合作等措施来减少温室气体排放
2007 年 12 月	联合国气候变化大会提出了"巴厘岛路线图"，提出在 2020 年之前，发达国家的温室气体排放量要降低 25% ~ 40%；此计划对推动低碳经济的发展具有重大意义

时 间	相 关 会 议 及 论 述
2009 年 12 月	在哥本哈根世界气候大会上世界各国商讨了 2012—2020 年的全球减排方案
2010 年 12 月	国际社会召开了坎昆世界气候大会，通过了"坎昆协议"，巩固了各国在哥本哈根承诺的减排目标
2011 年 12 月	在德班召开的世界气候大会上，中国、印度、巴西和南非四国发布《公平获取可持续发展：平衡的碳空间和碳金融预算》报告，为如何分配剩余大气空间和分配发展时间及资源提供了可操作依据，并提出了南南合作机制创新性建议，大会通过了"德班一揽子决议"，建立德班增强行动平台特设工作组；这是一次里程碑式的会议，为全球减少碳排放描绘了详细的蓝图
2012 年 12 月	在多哈召开的世界气候大会将《京都议定书》的第二承诺期确定 2013 年至 2020 年，明确了欧盟比 1990 年减排 20% 的目标

　　传统的经济增长模式导致全球环境恶化和资源枯竭。为了人类社会的持续发展，必须对传统的经济增长方式进行改革。英国在遭受空前挫折的形势下，通过气候变化国际制度框架（包括《联合国气候变化框架公约》以及《京都议定书》），尤其是通过对《京都议定书》的解读，英国政府在《我们能源的未来——创建低碳经济》能源白皮书中率先提出了"低碳经济"的概念。低碳经济是以低能耗、低排放、低污染为基础的经济模式，是人类社会继工业文明、农业文明之后的又一次重大进步。当时的英国首相布莱尔制定的总体目标计划为：在 2050 年 CO_2 的排放量削减为 1990 年的 60%，倘若英国实现这

个总体目标，则会成为一个名副其实的低碳国家。通过市场激励以及政府正确引导的办法，能使经济产业结构发生良性变化，一个明确稳定的发展方向需要完善的政策保障。将最新的低碳技术运用于市场就会大大推动英国低碳经济的发展，这些都是投资者和工业发展的首要前提。英国的这项举措有效助推了国际气候的制度建设，在国际气候谈判中起着举足轻重的作用。同时，英国希望通过以上的努力，建立起世界各国相互理解的桥梁。除此之外，世界上许多国家将发展低碳经济作为发展经济的有效途径。例如，加拿大、法国、日本等已经采取有效措施。美国一直主张气候变化的问题，实质上就是掌握低碳技术的问题。虽然没有明确表示是否支持低碳经济的概念，但这与低碳经济的内涵是高度符合的。

英国环境专家鲁宾斯德将低碳经济定义为：低碳经济核心是在市场机制基础上，通过政策措施和制度框架的制定和创新，推动提高可再生能源技术、节约能源技术、能效技术、温室气体减排技术的开发和运用，促进整个社会经济朝向高能效、低排放和低能耗的模式发展。它是一种正在兴起的经济模式。

1966 年，国外学者首次将"脱钩"概念引入社会经济领域，提出了关于经济发展与环境压力的"脱钩"问题。"脱钩"理论就是，工业发展初期，物质消耗总量随经济总量的增长而同比增长，但在某个阶段后会出现变化，经济增长时物质消耗并不同步增长，出现倒 U 形。近些年来，"脱钩"理论的进一步研究拓展到循环经济、能源与环境、农业政策等领域，并取得了阶段性成果。

"脱钩"理论的出现证实了低碳经济的可能性，然而，从高碳经济到低碳经济的转型并非那么顺利。美国普林斯顿大学的经济学家A·克鲁格和G·格鲁斯曼研究发现，大多数人均国民收入的变动趋势与污染物的变动趋势之间呈倒U形关系，并且提出了环境库兹涅茨曲线假说。他们认为，经济发展和环境压力有如下关系：环境污染水平强烈地受到经济发展的影响，在经济发展过程中，生态环境会随着经济的增长、人均收入的增长持续恶化；当人均GDP达到一定水平的时候，环境污染反而随着人均GDP的进一步提高而下降。也就是说，从高碳经济到低碳经济的转型轨迹就是人类经历生态环境质量的"过山车"。

日本东北大学选矿精炼研究所教授南条道夫等提出"城市矿山"的概念，指的是储蓄在废旧机电设备、电子电器等生产和废料中的可回收金属。新中国成立后提出的"再生资源综合利用"与"城市矿山"理论是相通的，为我们政策支持加强再生资源利用和依靠技术创新，实现高碳向低碳转变，提高能源效率，提供了重要参考。

《京都议定书》第六次缔约方会议暨《联合国气候变化框架公约》第十六次缔约方大会通过了《议定书》和《公约》工作组提交的会议决议。京都议定书第二承诺期的实施，标志着全球低碳经济发展进入了一个崭新的时代。

冯之浚教授提出的低碳经济理论基础，包括库兹涅茨曲线、生态足迹理论、"城市矿山"等理论。1992年，加拿大生态学家W·雷斯提出"生态足迹"这一概念，并在1996年由M·魏克内格加以完善。生态足迹是指生产某人口群体所消费的物质资料的所有资源和吸纳这些人口所产生的所有废弃物所需要的具有生物生产力的地域空间，它将每个人消耗的资源折合成为全球统一的、具有生产力的地域面积，通过计算区域生态足迹供给与需求之间的差值，准确反映了不同区域对全球生态环境现状的贡献。根据"生态足迹"理论，逐渐引申出"碳足迹"概念，用于衡量各种人类活动产生的温室气体排量。"碳"耗用得多，CO_2 和其他温室气体也就越多，"碳足迹"也就越大。

近年来，国内学者对低碳经济的定义进行了许多深入研究，并取得了一定的学术成果。比如学者林辉称："低碳经济为第五次全球产业浪潮，并把低碳内涵延展为低碳经济、低碳社会、低碳生产、低碳消费、低碳生活、低碳城市、低碳社区、低碳家庭、低碳旅游、低碳文化、低碳哲学、低碳艺术、低碳音乐、低碳人生、低碳生存主义、低碳生活方式等领域。"庄贵阳认为："低碳经济的核心是能源技术创新和制度创新，在不影响经济和社会发展的前提下，通过技术和制度创新可以达到温室气体的减排，从而减缓全球气候变化，实现经济和社会的可持续性发展。"

中国环境与发展国际合作委员会将低碳经济定义为：一个新的经济、技术和社会体系，与传统经济体系相比在生产和消费中能够节省能源，同时还能保持经济和社会发展势头。

（三）低碳经济提出的背景

1. 低碳经济提出的政治背景

2008 年爆发了全球性金融危机，国际政治呈现不稳定状态，经济态势萧条，社会动荡，经济发展规模逐步缩小，企业纷纷倒闭，失业率攀升。为了应对经济危机，世界各国尽量减少金融危机对本国经济的影响，采取各种经济措施振兴本国经济。各国对有限的资源和空间进行争夺，造成了资源枯竭和环境的恶化。经济的发展也只能是昙花一现，其原因为："在一个不健全的环境之上是不可能发展出一种健康的经济的。这样的情况只能发生在这样的一个地方，工业可以打一枪换一个地方，即掠夺完一个地区的资源又到另一个地方去掠夺，但时间一长就再也没有别的地方可以掠夺了。"基于这样的政治背景，为了走出金融危机和生存发展的困境，解决全球共同面对的金融和生态危机，人们开始转向低碳经济的发展，希望通过低碳经济的发展模式带动各国经济的增长。此后，低碳经济迅猛发展。

2. 低碳经济提出的经济背景

低碳经济的提出有其明确的客观需求，主要表现在生产模式和消费观念的不合理。传统高碳经济的经济发展方式，主要是高投入和低产出的粗放式。生产模式不合理主要是指市场经济以消费需求为主导，以此拉动经济增长。20世纪以来，受该理念的影响，各国消费之风成为国民生活的时尚，纷纷通过消费大力发展经济。带来的最终结果就是盲目扩大生产、生态破坏以及资源枯竭。消费观念不合理主要是消费不是理性需求，只是为了满足自身的欲望，为了消费而去消费。

显然，这是一种不合理的消费观念。这很容易导致消费的奢靡之风盛行，引用卢风教授（2002）的话，"消费主义就其实质而言是一种人生观，这种人生观认为人生的根本意义在于消费，消费就是人们精神满足和自我满足的根本途径"。这就必然导致对资源和能源的浪费，严重破坏生态环境。人类对自然的开发利用已经远远超过了它本身的承受能力，由此产生了冰川融化、海平面上升、温室效应等生态环境危机问题。最明显的变化就是气候变化，它与人们的生产、生活息息相关，直接关系到社会经济的发展程度和人与自然的协调，这就导致了低碳经济提出的客观必要性。低碳经济的提出，就是为了改变目前严峻的社会和生态危机。由此可见，生态保护与经济背景相辅相成，密不可分。

3. 低碳经济提出的生态背景

20 世纪 70 年代以后，每年有 15 万人因为气候变化而丧生，其中大部分是亚洲人。随着生态问题的凸显、经济和社会的灾难出现，人类逐渐意识到造成这些问题出现的主要原因，是人类生产和生活中的高碳排放，以及节能减排等环保意识薄弱。目前，环境和气候问题已成为威胁人类生存的头号危机。低碳经济同生态文明一样，是迫于资源环境和气候变化的重压而做出的选择，并不是人类的自觉选择。人类正遭受着环境污染和气候变化所造成的一系列严重后果，低碳经济就是在这样的生态背景下提出的，并且迅速成为全球发展的新趋势。首先是经济灾难。传统的经济发展模式以片面追求经济增长为标准，经济的高速发展导致了能源短缺和环境恶化，诱发了全球性经济危机。据国际能源署的报告，以能源行业为例，如果在以后的发展中不注重对温室气体的减排，那么多年以后，该行业为达减排目标，将会投入越来越多的资金，自身的赢利就会越来越少，其他行业亦如此。其次是社会灾难。人类对大自然的滥采滥伐，对资源的疯狂掠夺，使得生存环境恶化，经济发展与资源之间的矛盾加深，严重阻碍经济、社会、政治和文明的进步。最后是资源与生态灾难。人类社会发展的本质问题就是协调人类的需求和自然存在两者的关系，人类从最初对自然的敬畏到对自然无限度的开发和利用，导致资源、环境和气候变化的问题，成为危害人类生存的头号危机。全球环境恶化、气候变暖，暴风雪、暴雨、寒流、热浪、沙尘暴等极端的天气接踵而来。

综上所述，低碳经济的提出是有其客观必然性的，它是由其政治、经济以及生态背景共同决定的。三者互相影响、互相促进、相辅相成，其中任何一个因素的改变，都会引起另两个因素的变化。三者必须放在同等重要的地位，它们共同决定着低碳经济的可持续发展。

（四）低碳经济包含的内容

低碳经济是一种为了促进经济又快又好、持续发展的一种新型的经济发展模式。低碳经济提倡低污染、低能耗，能够避免能源消耗导致的气候异化和环境污染。低碳经济的根本核心是人类生存、产业结构、利用高技术、减排技术、大胆创新转变能源技术以及制度的优化。低碳经济的本质是以高新技术发展清洁能源、用实际行动追求绿色GDP、各个行业能够高效利用能源。因此，各国将大力促使低碳经济的发展列为本国经济发展方式转变的重要计划。

1. 转变现有能源消费、经济发展以及人类传统生活方式是低碳经济的本质

首先，通过结合相关高技术，大力研制出清洁能源，充分高效利用一次能源，如光伏太阳能、海洋能、生物质能、风力以及地热能等。一次能源消费占绝大比例是大部分发展中国家普遍存在的能源消费方式。愈演愈烈的一次性能源的消费方式使得自然环境更加恶化。其次，要强调经济运行中通过对"质"的提升来转变经济发展方式以及经济领域中"数"和"量"的变化。要实现低碳经济就得转变经济发展模式。最后，改变人们现有的生活方式，致力于低碳经济的发展。发展新能源并不代表就走向了低碳经济道路，低碳经济要考虑人们的生活方式和消费模式，而不是盲目地淘汰高耗能、高污染的企业。机械技术、自动化、电气化为人类的生活提供了便利，这些先进技术导致人类过度依赖动力技术以及能源，导致大量的消耗。

2. 低碳技术的开发利用是实现低碳经济的关键

低碳技术是以低能耗、低污染为主的低碳经济。这项技术主要涉及的是一些传统部门。油气资源的勘探开发、煤炭的清洁高效利用、煤层气以及 CO_2 获取与埋存、可再生能源和新能源等领域的开发中，也需要大力控制温室气体的排放。

3. 低碳经济能够促进经济的发展

低碳经济也可以说是高投入和高成本的新经济。如果从可持续

发展的角度来看，低碳经济能够带动相关产业的发展。虽然有些行业短期内看不到低碳经济的增长效果。例如，低碳工业、低碳农业、碳信托基金、碳汇交易以及低碳服务业的收益慢，但是，这些都是在良好的运行状态下低碳经济模式发展的新型增长方式。

（五）低碳经济的构成要素

低碳经济是一种全新的经济发展理念，越来越受到各国的重视，并且已普遍被各国所接受。因此，学者们对低碳经济的研究比较丰富，把低碳经济分为三个要素。

1. 低碳生产

这是从生产的角度来探讨低碳经济，企业（产业）要有在低碳排放这一制约条件下以更低成本生产的能力。在企业生产的过程当中，要充分利用各种途径，例如绿色能源、改进技术代替一次性能源等途径来实现低碳经济。

2. 低碳技术

低碳技术水平的高低直接决定了低碳经济能否顺利发展。目前，我国低碳技术缺少资金支持，水平比较低，而且政府没有制定有效的低碳技术研发激励政策。在低碳技术的研发上，要从以下几项进行重点研发，比如节能技术、清洁能源（如天然气）的开发利用、可再生能源（如风能、潮汐能）、清洁汽车技术等低碳技术。

3. 低碳能源

发展低碳经济要解决的根本问题是提高能源效率，实现清洁能源结构转化，最有效的途径是开发能源技术，最终实现减缓气候变化问题和促进人类的可持续发展。低碳能源主要是指工业中所用的一次性的化石能源之外的能源，比如太阳能、风能、天然气、水能、核能等非一次性的可再生能源。

综上所述，本书将低碳经济定义为经济、碳排放、低碳技术、能源以及环保的一种综合的、绿色的经济形态。低碳经济以制度创新和能源技术为创新的手段，以实现经济、社会、环境的可持续发展为最终目标。低碳经济涉及了人类社会的诸多方面，是一场融合了经济发展方式、人类生活方式的转变、能源消耗、环境保护的革命。

（六）低碳经济的特征

低碳经济是为了迎合人类的需要、改善自然环境，实现人类的可持续发展而提出的，在本质上是与人的需要紧密联系的。低碳经济的外部特性是协调整体的可持续发展。然而低碳经济的本质就必须与人的生存发展需求联系起来。

即要弄清楚人的自然生命和社会生命得以良好延续的必然要求。显然，人的自然生命良好延续需要健康稳定的自然环境，社会生命的健康发展则要求经济的可持续发展，这两个基本维度在低碳经济当中得到充分体现。低碳经济要求人们通过各种技术手段减少碳排放，以扼制环境恶化、冰川融化、气候变暖等生态破坏的问题，其本质是人与自然的和谐相处，全面推进人与经济社会整体的协调发展。低碳经济的特征有其相对独立性，它是由人的需求和社会发展需求共同决定的，主要表现在以下几方面。

1. 低碳经济体现了人与自然关系的整体性

人与自然之间是一个相互联系、相互影响的整体。任何事物都不可能孤立存在，事物间的联系也不会是局部的。任何事物总是处于发展、变化和运动的整个过程中。发展低碳经济体现了人与自然关系的整体性，人类和自然界联系的客观性。这主要体现在两个方面：一方面，自然界为人类提供衣、食、住、行等生活必需品，人类从自然界获取生产、生活所需要的能源和资源来保证自身的生存和发展，人类的经济活动必须消耗自然资源；另一方面，人类通过获取生产和生活所需要的资源和能源的过程对自然界进行改造，这一过程充分体现二者是统一联系的整体，人类的生活离不开自然界。低碳经济从全局谋划和考虑人与自然的和谐发展、经济发展与社会发展的和谐统一，体现低碳经济的整体性。

2. 低碳经济体现了经济与社会发展的协同性

低碳经济强调人类的发展要注重与社会、自然的协调，要考虑社会发展所付出的代价，不能忽视对生态环境的影响。否则最终的结果便是人类自己终止了前进的步伐，因此，我们要提倡低碳经济，统筹兼顾，把握资源利用的度，追求协调发展，将人与经济、社会与自然置于同等重要的地位。

3. 低碳经济体现了人类社会发展的可持续性

工业革命以后，高碳的经济发展方式使资源越来越少，生存环境越来越差，严重阻碍了经济发展的步伐。这不仅影响到当代人的发展，还对我们的子孙后代的发展构成了严重的威胁，虽然人类开始关注环境保护，只是喊喊口号，做一些修补的动作，但价值观并未从根本上进行转变，这对于生态环境的改善效果是微弱的。经济和人类的可持续发展是低碳经济的出发点和落脚点，保证当代人发展的同时，又能满足后代人的需求，只有这样才能为人类社会的持续发展奠定坚实的基础，体现了低碳经济的持续发展性。

4. 低碳经济体现了综合性

低碳经济的发展涉及经济运行和人类社会发展的方方面面，比如经济发展、能源结构、环境保护以及人类生活观念和方式。低碳经济是一种新的发展形态，同时又是一种新型的经济发展模式。现阶段，低碳制度的不完善、低碳技术水平的落后、"高碳化"的能源消费方式是我国低碳经济发展面临的主要的制约因素。要想低碳经济顺利地运行和发展，我们就要从低碳经济涉及的几个方面入手，进一步完善相关政策和改革相关技术。

5. 低碳经济体现了技术性

根据低碳经济转型成功的国家总结的经验，低碳经济很大程度上依赖于低碳技术。低碳技术水平的高低对低碳经济发展起着决定性的作用。目前，我国还是传统的"三高"经济发展模式，一次性能源的过度使用造成了严重的能源危机，同时给我们带来了严重的环境危害，比如"雾霾"。低碳技术的进一步提高是低碳经济发展的重要保障。

6. 低碳经济体现了经济性

无论哪种经济形态都具有经济性的特征，低碳经济也不例外。低碳经济涉及能源革命，甚至还会引起经济体制的变革。低碳经济的经济性特征主要体现在能源配置上。市场在能源配置上起主导作用，政府虽然在其中也起到一定的作用。低碳经济的经济性还体现在最终目标的定位上，低碳经济最终的目标是保障经济发展，最终实现人类社会总体水平的上升，这也是有些学者以幸福指数作为衡量低碳经济发展水平的一个评价指标的重要原因。

总之，低碳经济提倡低排放、低耗能、低污染，树立正确的人生观、价值观，尊重、爱护自然环境，号召公众同政府一起把低碳经济渗入社会管理中，积极参与社会管理。因此，低碳经济是一种新型的经济发展模式，又是一种经济形态。低碳经济尊重自然，遵从自然发展规律，从全局角度出发，在发展中注重协调性和可持续性，促进经济社会的全面协调可持续发展。

（七）生态经济和低碳经济的比较

实现资源集约和环境友好的重要实现手段和方式，就是要大力发展生态经济和低碳经济。生态经济和低碳经济二者在一些环节上具有极强的相似性。同时，生态经济与低碳经济在包含的内容、强调的手段、实现目标上又有一定的区别。生态经济既强调高能耗、高污染等资源环境问题，又重视碳排放问题；低碳经济则更加重视全球性变暖的问题，侧重点在"碳排放"方面。发展生态经济有利于低碳经济的快速发展，并且能够实现碳排放量的显著降低；低碳经济的发展又能够帮助生态经济目标的快速实现，低碳经济发展又可以借鉴生态经济发展所确立的目标、制度安排和手段等。因此，生态经济与低碳经济在本质上是相互兼容的，两者之间的相辅相成有效促进生态环境的改善和低碳经济的发展。

四、模糊综合评价法的概念及方法

（一）模糊综合评价法

模糊综合评价法是一种基于模糊数学的综合评标方法。模糊集合的概念是由美国控制论专家扎德（L. A. Zadeh）教授 1965 年提出的，从而开创了模糊数学这个崭新的分支。用模糊数学能够有效地描述模糊概念，对受到多种因素制约的事物或对象做出一个总体的评价。该综合评价方法根据模糊数学的隶属度理论把定性评价转化为定量评价，这种方法能够较好地解决难以量化的、模糊的问题，系统性强，适合各种非确定性问题的解决。

（二）模糊综合评价法的原理

模糊综合评价法应用模糊关系合成的原理，以模糊数学为基础，将一些边界不清、不定量的因素定量化，从多个因素的角度，对被评价事物隶属等级状况进行综合评价的一种方法。客观世界中存在着许多不确定性，主要表现在两个方面：一是模糊性事件本身状态的不确定性；二是意识随机性事件是否发生的不确定性。只要涉及模糊概念的现象都被称为模糊现象。然而，在现实生活中，存在的现象都是中介状态，表现出亦此亦彼，并不是非此即彼，存在许多无穷的中间状态。模糊数学的产生把数学的应用范围扩大，从精确现象扩大到模糊现象的领域，用来处理更加复杂的系统问题。模糊数学可以把多年积累起来的形式化思维，应用到复杂系统中去，它是建立在复杂系统和形式化思维之间的一座桥梁。模糊综合评价法的基本原理是：首先确定被评判对象的因素集（指标）和评价集，再分别确定各个因素的权重及它们的隶属度向量，获得模糊判断矩阵，最后把模糊判断矩阵与因素的权向量进行模糊运算并进行归一化，得到模糊评价综合结果。

（三）模糊综合评价法的基本步骤

1. 建立模糊综合评判矩阵

设因素或指标集合为 $U = \{u_1, u_2, \cdots, u_n\}$，因素评语集为 $V = \{v_1, v_2, \cdots, v_m\}$，评语 v_j（$j = 1, 2, \cdots, m$）表示各因素或指

标做出的评价等级，各因素的模糊评价就是 V 上的一个模糊子集。假设第 i 个因素的单因素模糊评价为 $R_i = \{r_{i1}, r_{i2}, \cdots, r_{im}\}$（$i = 1, 2, \cdots, n$），其中，$r_{ij}$ 表示第 i 个因素对第 j 个评语的隶属度。n 个模糊向量 $R_1, R_2, \cdots, R_n$ 构成了 U 和 V 的模糊关系，则模糊综合评判矩阵为

$$R = \begin{bmatrix} R_1 \\ R_2 \\ R_3 \\ R_4 \end{bmatrix} = \begin{bmatrix} r_{11} & r_{12} & \cdots & r_{1m} \\ r_{21} & r_{22} & \cdots & r_{2m} \\ \vdots & \vdots & \cdots & \vdots \\ r_{n1} & r_{n2} & \cdots & r_{nm} \end{bmatrix}$$

2. 进行单因素分析

对因素集 U 上的子集 u_i 可以用模糊向量 $A_i = (a_{i1}, a_{i2}, \cdots, a_{in})$ 表示，隶属度 a_{ik}（$k = 1, 2, \cdots, m$）表示各因素在单因素评价中的分量，可以取各自的权重 w_{ik}，对于给定的 A_i，R_i，得出单因素评价向量 $B_i = A_i \cdot R_i = (b_{i1}, b_{i2}, \cdots, b_{im})$（$i = 1, 2, \cdots, k$）

3. 因素的综合评价

设各子集的权向量为 $A = (a_1, a_2, \cdots, a_k)$，综合评价矩阵为 $R = (B_1, B_2, \cdots, B_k)^{\mathrm{T}} = (b_{ij})_{k \times m}$。因此，综合评价向量为 $B = A \cdot R = (b_1, b_2, \cdots, b_m)$。

4. 计算综合评价值 E

给综合评语集的每个评价等级赋予一定的分值，设赋分给评语

集的每个评价等级赋予一定的分值。设赋分值后的评语集为 $H = (h_1, h_2, \cdots, h_m)$，则综合评价分值为：$E = B \cdot H^{\mathrm{T}}$。对照规定的有不同分值划分的等级，就可以得知被评价事物处于哪个等级水平。

（四）模糊综合评价法的优缺点

模糊综合评价法的优缺点如表 2 - 7 所示。

表 2 - 7　模糊综合评价法的优缺点

模糊综合评价法的优点	模糊综合评价法的缺点
能够通过精确的数字手段处理模糊的评价对象	计算较复杂
能对蕴藏信息呈现模糊性的资料做出比较科学的、合理的、贴近实际的量化评价	指标权重向量的确定带有一定的主观性
该方法的评价结果是一个向量而非一个数值，其包含的信息丰富，既可以比较准确地评价对象，又可以做进一步数据处理，得到更多的参考信息	当指标集较大时，隶属度权系数偏小，造成权向量与模糊矩阵不匹配，导致分辨率差，从而造成评判失败

五、综合指数法的概念及方法

综合指数法是进行综合评价时采用的方法之一。综合指数法是指在确定一套合理的经济效益指标体系的基础上，对各项经济效益指标个体指数加权平均，计算出经济效益综合值，用以综合评价经济效益的一种方法。即将一组相同或不同指数值，采用数学方法，使不同计量单位、性质的指标值标准化，最后转化成一个综合指数，以准确地评价工作的综合水平。综合指数法对指标数量多少没有要求，综合指数值越大，工作质量越好。综合指数法的基本思路则是利用层次分析法计算的权重和模糊评判法取得的数值进行累乘，然后相加，最后计算出经济效益指标的综合评价指数。综合指数评估法是根据指数分析的基本原理，在确定各指标权数后用加权算术，对评估对象进行综合评估分析的一种方法。目前常用的指数评估分析有加权平均法、平方根法、简单叠加法和最大值法。综合指数法将各项经济效益指标转化为同度量的个体指数，便于将各项经济效益指标综合起来，以综合经济效益指数为企业综合经济效益评估的重要依据。各项指标的权数是根据其重要程度决定的，体现了各项指标在经济效益综合值中作用的大小。

　　本书在构建出一套合理有效的河北省钢铁企业生态经济效率综合评估指标体系的基础上，运用综合指数法建立一个河北省钢铁的综合评估模型。综合指数法建立综合评估模型主要有以下四个基本步骤：确定各项指标属性；确定各项指标标准值；各项指标初始值标准化；综合评估河北省钢铁企业生态经济效率。

第三章　河北省钢铁企业
发展现状及存在问题

一、河北省钢铁产业优势分析

河北省有着悠久的历史和灿烂的文化，在位置、交通、通信、资源、市场、产业等方面具有独特优势，河北省钢铁产业拥有巨大的发展潜力和广阔的发展前景。新世纪，由于长期以来的厚积薄发，河北省发展突飞猛进，引起国内乃至国际的高度关注。

（一）位置优越

河北省处于华北地区的腹地，有着优越的地理位置，掌控着西北，连接着东北，辐射华北地区，还可以通过海路进入华南以及华东地区，甚至可以向国际市场进军，具有天然的地域条件。便利的交通，降低了原厂材料的输入和钢铁产品的输出成本，无形中也为钢铁产业的发展提供了便利，在国内钢铁业占据明显的竞争优势。在环北京和天津两个市的区域内有两个非常重要的钢材消费市场。是全国唯一兼有海滨、湖泊、平原、丘陵、山地、高原的省份。相比于国内其他的产业集群，河北省有很多优势：丰富的煤炭、铁矿，合理的资源布局，健全的基础设施。除此之外，还有充足的电力和水供应，为钢铁产品提供了广阔的市场空间，极度适合钢铁产业的发展。

（二）交通运输便捷

河北省东临渤海湾，围绕着诸多的港口，如天津塘沽港、京唐港、曹妃甸港、秦皇岛港以及黄骅港。发达的交通运输，为原材料的供应和产品销售提供了便利的条件。海上运输使得钢铁行业在国内甚至国外的商品流通、市场贸易以及物资运输的基础条件更为优越。其中，京唐港是我国 50 个主要沿海货运港口之一，也是全国 73 个对外开放一类沿海水运口岸之一。2003 年，河北省交通基础建设全面发展，运输和服务功能都有了较大的提高。黄骅港是我国陕西、山西煤炭下海外运距离最短的港口之一。秦皇岛是我国最大的能源输出港口，拥有自动化、现代化程度很高的装卸设备。与此同时，以北京、天津、石家庄为中心枢纽的铁路干线和高速公路干线纵贯河北省整个省内，加之省内的交通路线，为钢铁企业的发展提供了发达的交通网络。

（三）资源丰富

钢铁产业的发展离不开丰富的煤炭资源、铁矿资源及各种冶金辅助原料，所以，它是一种依靠资源型的产业。在资源供应上，河北省具有得天独厚的资源优势，大型钢铁企业周围分布着比较丰富的铁矿、煤炭以及冶金辅料等配套资源，并且品种齐全。曹妃甸大型矿石专用码头的建成投运，大幅度提高了进口铁矿石的接卸能力，这就为河北省钢铁产业的发展提供了优渥的基础。企业开发新产品、采用新技术的积极性和后劲大大提高。建筑建材、线材等产品在国内市场中占有一定的份额，为加大产品结构优化的力度以及提高板带比提供了优厚的物质条件，同时，实现了从生产普通建筑钢材为主向以生产优质板材为主的产品的过渡。从某种程度上来看，板材能够反映一个企业的品种竞争的实力。

（四）广阔的发展空间优势

自 2001 年以来，河北省开始实施"十五"计划，"十五"计划的主题是发展，指导思想是结构调整。大力发展钢铁工业、商贸流通、城镇建设、机械制造、新型建材、旅游业、文化产业、医药工业、化学工业、畜牧业、蔬菜业、食品加工业、果品业、非义务教育、信息技术与信息产业等十五条龙型经济，形成了具有河北特色的经济新格局。2010 年，全省重点抓好城市基础设施建设、高新技术产业化、生态强壤建设、能源交通建设、传统产业改造与建设、市场建设、旅游产业建设、农业及农业产业化建设、水利、教育、文化、卫生等社会事业建设十个方面的建设工程。河北省为了实现经济强省及现代化两个宏伟目标，把加入世贸组织作为好的机遇期，将"两环开放带动周边"作为河北省经济发展的主题发展战略之一，进一步加大利用外资的规模和对外开放的力度，努力提高利用外资

的质量及水平，积极拓宽利用外资的领域，把利用外资推向新的
台阶。

加快利用先进技术、高新技术，尤其是利用信息技术改造传统
的产业，有侧重地改造了一批骨干企业，主要是能源、建材、冶金、
纺织、成套设备、化工、医药及食品等行业。

（五）聚集的产业优势

历经多年的发展，河北省钢铁产业培养了一批优秀的骨干企业，
并且规模不断发展壮大，管理水平以及工艺技术也不同程度地提高，
这就为钢铁产业的升级改造和结构调整夯实了基础。便利的交通运
输和销售市场，为河北省钢铁产业集群的出现奠定了基础，形成了
以唐山和邯郸为首的两个钢铁产业密集群。纵横集团30亿元钢铁投
资项目在邯郸安家落户，新首钢在曹妃甸新区加快布局，河北钢铁
集团有限公司组建完成，这就标志着以唐山为龙头的产业群正在快
速形成，并且将成为中国北方最大的钢铁产业集群。产业集群中存
在着国有、集体以及私营的所有制，他们各自发挥各自的优势，虽
然都是沿着不同的路径发展，但是，都从整体上增强了钢铁产业的
活力。

（六）工业基础，人才技术条件

1950年以后，河北省陆续新建和扩建了一批大中型钢铁产业，
并且逐步形成了唐钢、邯钢及宣钢等六大钢铁企业。历经多年的建
设以及快速发展，各个企业通过设备改造和更新，积累了大量适合

河北省钢铁企业更好发展的经验，可以借鉴更加成熟的技术。例如，选取的炉型、工艺流程的设备及配置等方面。

主要装备初步实现了大型化、现代化，有些产品甚至已经处于国内领先水平，例如，CSP、酸洗镀锌生产线以及冷轧薄板等主要板材轧制装备技术。逐步形成了以中宽厚板、热轧薄板以及冷轧薄板为主，规格相对齐全的优质板材品种结构，60%以上的钢材品种已经采用世界先进的技术生产。经过2008年河北省钢铁集团有限公司的组建，河北省钢铁产业迎来了历史上难得一遇的重要战略机遇期。钢铁企业集团化进程进一步加快，淘汰落后产能取得显著成效，节能减排取得了积极进展，进一步调整和优化产业结构。经过多年的发展，河北省钢铁产业培养了一批技术娴熟的工人和技术员，这就为钢铁产业持续稳定的发展夯实了基础。经过多年的发展，河北省拥有了大量的钢铁生产企业，并且形成了产、学、研一体化的产业格局，培养了一支具有高素质的管理人员和技术人员的队伍，造就了大量优秀的产业工人和技术精英。

除此之外，科研院所不但培养一些优秀的后继人才，而且不断地开发新产品及新技术。雄厚的产业基础，使得河北省钢铁产业在成本、原料资源、生产消耗、质量、规模、销售市场以及产品出口等方面，在竞争地位上处于优势。

（七）市场地位巩固

在国家高速发展的大背景下，河北省钢铁产业快速发展。由于高质量和高信誉，河北省钢铁企业培植了许多上下游的战略伙伴，赢得了国内外广大客户的高度认可。良好的声誉，大大提高了河北省钢铁企业的无形价值。最近几年，邯郸钢铁企业在国内率先成为世界钢铁协会成员（国内仅有四家），在国内外钢铁行业具有一定的影响力。由此可见，河北省钢铁企业综合竞争实力明显增强，在全国钢铁企业中越来越占据比较重要的地位。

（八）河北省钢铁产品种类

近几年，唐钢以生产棒、线、型材产品为主转向以生产棒材、连轧线为主的产品，然后又转向冷、热、宽带产品；邯钢逐步成为两大宽带基地，以原有中板为基础，以 CSP 薄板坯连铸连轧生产线为龙头，发展了冷轧镀锌带材产品；承钢以中窄带材为龙头，生产高强张力减径薄壁焊管；邢钢开始以线卷材为突破口，走上了专业线卷材的生产道路；宣钢并没有只限于生产铁，开始炼钢、轧钢。同时，邯郸武安的中小钢厂不断地扩大范围、更新品种。

除此之外，河北省钢铁集团整体上市取得了快速的进展，钢材产品结构得到进一步调整优化。但是，如果从产品品种的角度来考虑，螺纹钢、窄带钢以及高速线材仍然是河北省大部分中小钢铁企业主要的生产产品，这些不但产品结构趋同，甚至技术含量和附加值也很低。

（九）河北省钢铁产业贸易

贸易竞争力指数，即 TC 指数，表示一国进出口贸易的差额占该国进出口贸易总额的比例，用公式表示为

TC 指数 =（出口额 – 进口额）/（出口额 + 进口额）

TC 指数是国际竞争力分析时较常用的测度指标，剔除了经济膨胀、通货膨胀等宏观因素波动的影响，主要是衡量贸易总额的相对值，它与进出口绝对量无关，它的取值范围是 – 1 ~ 1。TC 值越趋于 1，代表这个产业或者这种商品的竞争力越强，基本上只出口不进口的状态；反之，这种产业或者这种商品的竞争力就越薄弱，基本上处于只进口不出口的状态。如果 TC 趋于 0，表示这种产业或者这种商品的竞争力趋于平均的水平，进出口基本保持平衡的状态。

近几年河北省出口的钢材品种中，棒线材、板材、角型材及其他的钢材 TC 值达到了 0.8 以上，在竞争中处于良好的态势。尤其是棒线材和角型材的 TC 值达到了 0.985 和 0.998，基本上只出口不进口。令人担忧的是，河北省的钢材出口量占全国钢材出口量的比例一直都没有突破 10%，这个比例远远低于河北省钢材产量占全国钢材产量的比例。河北省钢材出口额占据世界钢材出口额的比例相对来说比较低，这与河北省钢材产量占世界钢材产量的比不成比例。由此可见，尽管河北省钢材产品的贸易竞争力很强，但是，除了个别产品外，钢材产品仍然是以内销为主，整体的出口竞争力还是很弱。

二、河北省钢铁企业总体水平分析

通过调研河北省"十二五"期间主要钢铁总量指标，分析钢铁企业总体水平（表 3 – 1；图 3 – 1）。

表 3 – 1 "十二五"期间河北省钢铁产量及产值变化表

年 份	2011	2012	2013	2014	2015
生铁产量/万吨	15450.38	16358.54	17027.6	16942	17838.3
粗钢产量/万吨	16450.7	18048.4	18849.6	18530.3	18833.0
钢材产量/万吨	19256.23	21026.1	22861.6	23995.2	25245.3
钢铁工业增加值/亿元	2444.73	2411.41	2401.29	2256.32	1916.61
钢铁工业销售产值/亿元	11263.1	11665.57	11901.1	11485.3	9982.96

数据来源：中国统计局网站和《河北省 2015 年国民经济和社会统计公报》。

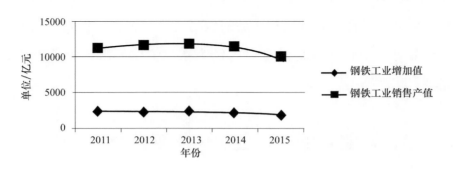

图 3 – 1 "十二五"期间河北省钢铁产值趋势图

钢铁工业增加值五年来变化趋势不大，但钢铁工业销售产值却呈下降趋势。2015 年比 2011 年下降 11.36%，减少 1280 亿元。说明河北省钢铁企业和全国大环境一样，受宏观经济形势影响，发展受到限制。

三、河北省钢铁企业效率水平分析

从最能反映钢铁效率的资源消耗强度，包括吨钢耗电、吨钢耗新水、吨钢综合能耗三个方面分析河北省钢铁企业效率水平。

（一）吨钢耗电效率分析

选择河北省有代表性的九家企业，进行吨钢耗电比较（表 3 - 2；图 3 - 2 至图 3 - 4）。

表 3 - 2　"十二五"期间河北省部分钢铁企业吨钢耗电比较

单位：千瓦时/吨

序号	企业	吨　钢　耗　电				
		2011	2012	2013	2014	2015
1	唐钢	416	426	452	443	425
2	宣钢	337	284	262	220	237
3	承钢	379	310	284	265	269
4	邯钢	598	553	577	551	562
5	石钢	487	485	530	531	548
6	新兴铸管	538	527	643	551	520
7	河北津西	432	447	451	429	405

序号	企业	吨　钢　耗　电				
		2011	2012	2013	2014	2015
8	河北敬业	413	442	434	413	408
9	长治	450	362	380	383	392

数据来源：中国钢铁工业环境保护统计月报 2011—2015 年。

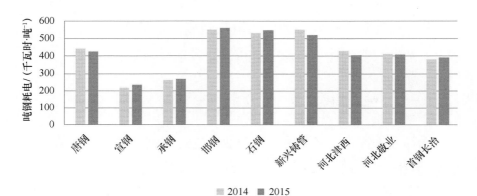

图 3－2　河北省部分企业 2014 年与 2015 年吨钢耗电比较

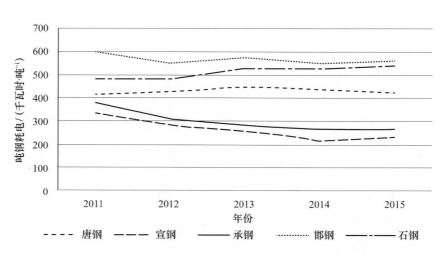

图 3－3　"十二五期间"河北省部分钢铁企业吨钢耗电变化（1）

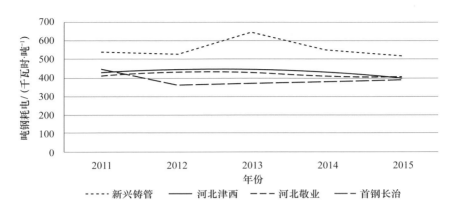

图 3 - 4　"十二五期间"河北省部分钢铁企业吨钢耗电变化（2）

从"十二五"期间河北省部分钢铁企业吨钢耗电表可以看出："十二五"期间河北省部分钢铁企业吨钢耗电量在逐年下降，其中宣钢、承钢下降较为明显。但仍有唐钢等企业个别年份有小幅度回升的现象。

通过三幅图可看出：唐钢、新兴铸管、河北津西、河北敬业四家企业吨钢耗电 2015 年比 2014 年有所下降，说明节能减排取得了一定成效。宣钢、承钢、邯钢、石钢四家企业吨钢耗电 2015 年比 2014 年有所上升，说明节能工作还有一定的差距。首钢长治作为比较单位，节电也有一定空间。

（二）吨钢耗新水效率分析

选择有代表性的九家企业，进行吨钢耗新水比较（表 3 - 3；图 3 - 5 至图 3 - 7）。

表 3 – 3   "十二五"期间河北省部分企业吨钢耗新水比较

单位：立方米/吨

序号	企业	吨 钢 耗 新 水				
		2011	2012	2013	2014	2015
1	唐钢	3.31	3.29	3.2	3.41	3.41
2	宣钢	3.7	4.26	3.64	3.48	3.79
3	承钢	2.44	2.9	3.02	2.66	2.39
4	邯钢	2.91	2.53	2.39	2.46	2.02
5	石钢	3.34	3.22	3.3	3.17	3.31
6	新兴铸管	3.18	2.88	2.81	2.56	2.5
7	河北津西	1.99	2.23	2.15	1.83	2.01
8	河北敬业	2.92	2.97	3.02	2.71	2.37
9	首钢长治	3.41	3.05	2.87	3.01	2.84

数据来源：中国钢铁工业环境保护统计月报 2011—2015 年。

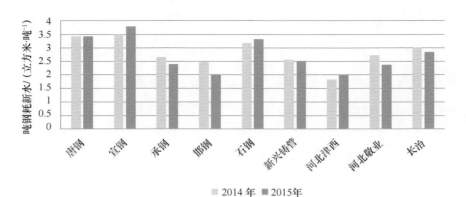

图 3 – 5   2014 年与 2015 年河北省部分钢铁企业吨钢耗新水比较

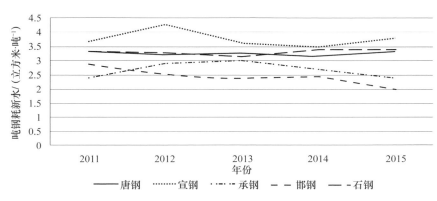

图 3 - 6　"十二五"期间河北省部分钢铁企业吨钢耗新水变化（1）

图 3 - 7　"十二五"期间河北省部分钢铁企业吨钢耗新水变化（2）

　　河北省钢铁企业吨钢耗新水量趋于稳中有降的趋势。而宣钢、石钢呈小幅上升趋势，唐钢变化平稳。"十二五"期间河北省钢铁产值下降近22%，但吨钢新水能耗下降不太明显，有的企业还有上升的现象，足以说明河北省钢铁企业节能减排降耗工作还有很大的空间。河北省是缺水大省，钢铁企业是耗水大户，吨钢耗水指标最能够直接地反映钢铁用水状况，是很敏感的指标。

（三）吨钢综合能耗效率分析

选择有代表性的九家企业，进行吨钢综合能耗比较（表3-4，图3-8至图3-10）。

表3-4　"十二五"期间河北省部分钢铁企业吨钢综合能耗比较

单位：千克标准煤/吨

序号	企业	吨钢综合能耗				
		2011	2012	2013	2014	2015
1	唐钢	585.69	579.99	571.98	565.00	559.43
2	宣钢	641.5	637.80	614.10	611.00	603.50
3	承钢	645.31	630.08	614.50	612.02	603.92
4	邯钢	579.89	571.17	554.37	546.15	538.32
5	石钢	581.56	575.30	568.40	567.91	563.06
6	新兴铸管	601.85	593.88	594.93	575.58	574.40
7	河北津西	554.84	558.42	552.48	550.47	544.36
8	河北敬业	580.66	571.56	558.04	545.39	537.27
9	河北纵横	554.25	532.83	532.62	535.27	533.39
10	首钢长治	699.44	669.16	666.01	650.57	668.93

数据来源：中国钢铁工业环境保护统计月报2011—2015年。

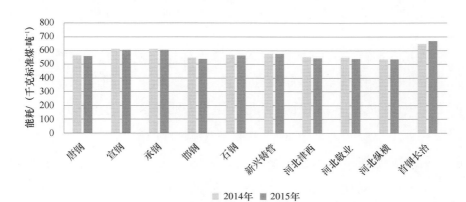

图3-8　2014年与2015年河北省部分钢铁企业吨钢综合能耗比较

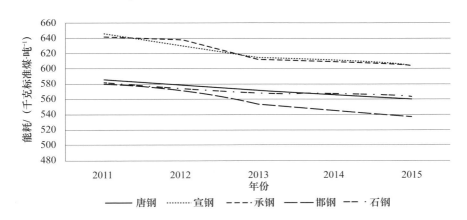

图3-9　"十二五"期间河北省部分钢铁企业吨钢综合能耗变化（1）

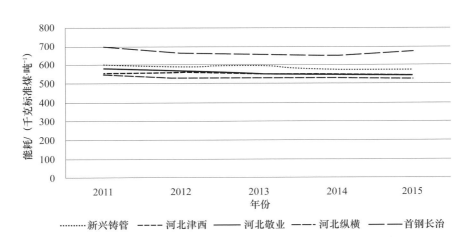

图3-10　"十二五"期间河北省部分钢铁企业吨钢综合能耗变化（2）

唐钢、宣钢、承钢、邯钢、石钢五家企业吨钢综合能耗都呈下降趋势，说明大企业降耗工作取得一定成效。但新兴铸管、河北津西、河北敬业、河北纵横几家企业五年来变化不大，较小企业在降耗方面意识淡薄，投资少。

总体看，"十二五"期间河北省钢铁企业资源消耗强度参差不齐，企业间生态效率水平存在着差距。特别是吨钢耗新水指标，表现出的态势就和"十二五"期间国家钢铁行业大的战略安排钢产量大幅下降不匹配。水资源是不可再生资源，放眼全国，大多数钢铁企业所在地都是水资源短缺城市，钢铁发展抑或钢铁去产能，吨钢耗新水都是最敏感的指标、约束性指标。河北省的问题更严重，河北省在钢铁去产能过程中，如果能降低吨钢耗新水，那对全国钢铁去产能是个示范和拉动。

四、河北省钢铁企业生态水平分析

从最能反映钢铁企业生态水平的环境保护协调性方面，即二氧化硫排放量、化学需氧量排放量、烟尘排放量三个方面分析河北省钢铁企业生态水平。2014 年，全国工业源化学需氧量排放量为311.3 万吨、工业二氧化硫排放量为 1740.4 万吨、工业氮氧化物排放量为 1404.8 万吨、工业烟（粉）尘排放量为 1456.1 万吨（数据来源于 2014 年环境统计公报，2015 年 10 月 29 日）。

（一）二氧化硫排放量分析

二氧化硫（SO_2）是最简单也是最常见的硫氧化物，是大气的主要污染物之一。许多工业生产过程和火山喷发时会产生大量的二氧化硫。除此之外，由于石油和煤当中都含有硫元素，因此，燃烧时也会产生二氧化硫。二氧化硫在大气中容易被氧化成硫酸雾或者形成硫酸盐气溶胶，它是环境酸化的重要污染物。当大气中的二氧化硫浓度在 0.5×10^{-6} 左右时，就会对人体有了潜在的影响；如果大气中二氧化硫的浓度在 $1 \times 10^{-6} \sim 3 \times 10^{-6}$ 的时候，人就会感受到刺激；当其中的二氧化硫的浓度在 $400 \times 10^{-6} \sim 500 \times 10^{-6}$，甚至更高的时候，人就会出现溃疡和肺水肿，严重的会导致窒息死亡。二氧化硫与大气中的烟尘有协同作用，当大气中二氧化硫浓度为 0.21×10^{-6}，烟尘浓度大于 0.3 毫克/升，就会使慢性病患者的病情迅速恶化，呼吸道疾病的发病率提高。因此，研究二氧化硫排放量极其重要。通过调研并选择八家有代表性钢铁企业，分析"十二五"期间二氧化硫排放量情况（表 3 – 5；图 3 – 11 至图 3 – 13）。

表 3 – 5　"十二五"期间河北省部分钢铁企业二氧化硫排放量比较

单位：毫克/立方米

序号	企业	单位废气中二氧化硫含量				
		2011	2012	2013	2014	2015
1	唐钢	59.82	53.73	49.10	33.59	25.88
2	宣钢	156.28	168.79	148.93	152.76	148.70
3	承钢	79.70	68.82	64.58	63.99	57.05
4	邯钢	162.24	73.61	54.32	50.44	32.24
5	石钢	21.80	13.39	11.56	10.44	9.45
6	新兴铸管	146.14	120.44	126.48	116.67	77.86
7	河北敬业	58.43	58.07	59.48	55.38	54.20
8	首钢长治	147.87	118.06	120.34	90.52	79.99

数据来源：根据中国钢铁工业环境保护统计月报 2011—2015 年整理计算。

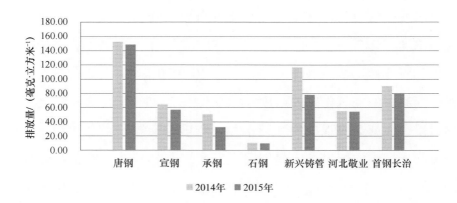

图 3-11　2014 年与 2015 年河北省部分钢铁企业二氧化硫排放量比较

图 3-12　"十二五"期间河北省部分钢铁企业二氧化硫排放量变化（1）

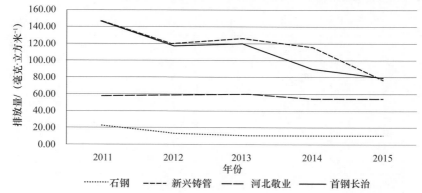

图 3-13　"十二五"期间河北省部分钢铁企业二氧化硫排放量变化（2）

从"十二五"期间河北省部分钢铁企业单位废气中二氧化硫排放量［图3-13（1）和（2）］可以看出："十二五"期间河北省部分钢铁企业单位废气中二氧化硫排放量大都呈现逐年下降的趋势，其中唐钢和石钢下降比例相对较高。但是，在节能减排大趋势下，河北敬业集团下降不太明显，并且在2013年有小幅度回升趋势。

（二）化学需氧量排放量分析

化学需氧量（Chemical Oxygen Demand，COD）是以化学方法测量水样中需要被氧化的还原性物质的量。因此，化学需氧量（COD）又往往作为衡量水中有机物质含量多少的指标。化学需氧量越大，说明水体受有机物的污染越严重。调研并选择八家有代表性钢铁企业，分析"十二五"期间化学需氧量排放量情况（表3-6；图3-14至图3-16）。

表3-6　"十二五"期间河北省部分钢铁企业化学需氧量排放量比较

单位：毫克/立方米

序号	企业	单位废水中化学需氧量				
		2011	2012	2013	2014	2015
1	唐钢	8.19	5.60	6.12	5.74	5.90
2	宣钢	6.59	3.27	3.53	3.49	3.35
3	承钢	8.66	8.17	7.50	2.32	2.33
4	邯钢	6.59	5.44	4.87	3.83	3.01
5	石钢	9.74	9.63	6.69	7.23	6.61
6	新兴铸管	9.05	8.97	2.24	2.06	2.21
7	河北敬业	9.79	9.80	9.80	6.03	5.38
8	首钢长治	9.34	5.42	4.52	3.02	4.45

数据来源：根据中国钢铁工业环境保护统计月报2011—2015年整理计算。

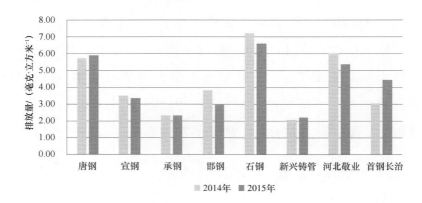

图 3-14   2014 年与 2015 年河北省部分钢铁企业化学需氧量排放量比较

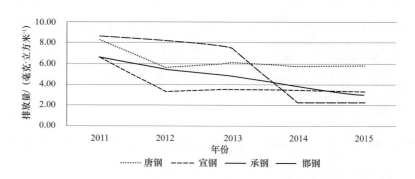

图 3-15   "十二五"期间河北省部分钢铁企业化学需氧量排放量变化（1）

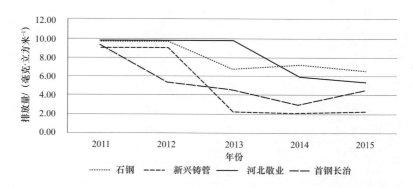

图 3-16   "十二五"期间河北省部分钢铁企业化学需氧量排放量变化（2）

从"十二五"期间河北省部分钢铁企业化学需氧量排放量表可以看出："十二五"期间，河北省钢铁企业化学需氧量排放量逐年下降，下降比例较高的是新兴铸管。2015 年 12 月，统计的钢协会员生产企业化学需氧量排放量同比下降 25.44%，环比下降 2.89%；2015 年，统计的钢协会员生产企业化学需氧量排放量比 2014 年下降 25.7%。按照这一统计标准不能发现，河北省钢铁企业化学需氧量排放量仍有较大的降低空间，节能减排任重而道远。

（三）烟尘排放量分析

烟尘排放指标分几个：烟尘浓度、烟尘总量、烟尘单位排放量等。烟尘的主要成分就是燃料的灰尘颗粒物、未燃尽（炭黑）颗粒物、可见其他颗粒物质等。

烟尘的排放量一般都是根据燃烧载体——锅炉、炉窑、熔炼炉等的容量来衡量。用单位产品来衡量烟尘总量，例如单位产品消耗能源（蒸汽等）来反推耗煤量。调研并选择八家有代表性钢铁企业，分析"十二五"期间烟尘排放量情况（表 3 - 7；图 3 - 17 至图 3 - 19）。

表3 - 7　"十二五"期间河北省部分钢铁企业烟尘排放量比较

单位：毫克/立方米

序号	企业	单位废气中烟尘含量				
		2011	2012	2013	2014	2015
1	唐钢	19.05	17.90	17.92	18.17	13.25
2	宣钢	10.69	13.09	10.59	10.81	9.27
3	承钢	24.24	18.00	18.06	11.57	11.60

续表

序号	企业	单位废气中烟尘含量				
		2011	2012	2013	2014	2015
4	邯钢	21.55	10.17	10.16	9.90	11.86
5	石钢	11.85	9.43	9.93	9.17	8.26
6	新兴铸管	1.81	1.41	1.53	1.33	1.19
7	河北敬业	37.65	24.43	24.91	5.13	11.55
8	首钢长治	8.49	9.05	9.87	8.74	4.07

数据来源：根据中国钢铁工业环境保护统计月报 2011—2015 年整理计算。

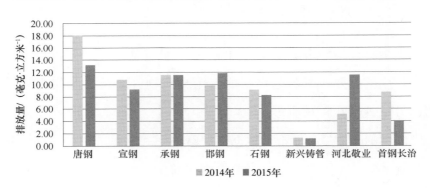

图 3-17　2014 年与 2015 年河北省部分钢铁企业单位废气烟尘排放比较

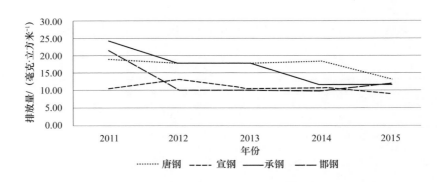

图 3-18　"十二五"期间河北省部分钢铁企业单位废气烟尘排放变化（1）

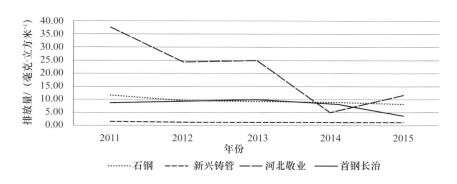

图3－19 "十二五"期间河北省部分钢铁企业单位废气烟尘排放变化（2）

"十二五"期间，河北省部分钢铁企业烟尘外排量大体呈逐年下降趋势，降低比例相对较高的是河北敬业集团。但是宣钢、首钢等企业在"十二五"期间的前三年烟尘排放量有小幅度增长趋势，2015年两家企业烟尘排放量减少较为明显。分析原因不难看出，2015年是"十二五"攻关最后一年，各大钢铁企业节能减排压力较大，企业为完成节能减排任务目标，加大了节能减排力度。

从总体上看，河北省钢铁企业生态水平的环境保护协调性比较好，三项指标"十二五"期间都呈下降趋势，尽管下降幅度不一样，且有些企业有反弹现象，但一定程度上提升了钢铁企业生态水平。

五、河北省钢铁企业资源利用分析

从最能反映钢铁企业资源利用的资源综合利用强度方面，即水重复利用率、高炉煤气利用率、转炉煤气利用率、钢渣利用率、高炉渣利用率、含铁尘泥利用率多个指标分析河北省钢铁企业资源利用情况（表3－8至表3－13）。

表 3 – 8   河北省部分钢铁企业水重复利用率   单位:%

序号	企业	水重复利用率				
		2011	2012	2013	2014	2015
1	唐钢	98.48	98.08	98.06	98.00	97.85
2	宣钢	97.73	97.71	97.95	97.64	97.48
3	承钢	95.87	96.60	97.38	97.42	98.36
4	邯钢	97.58	97.78	97.40	97.64	98.21
5	石钢	97.82	97.78	97.83	97.63	97.77
6	新兴铸管	98.00	98.00	98.00	98.00	98.00
7	河北津西	97.00	97.00	97.00	97.00	97.00
8	河北敬业	96.00	96.70	96.70	96.85	97.00
9	长治	97.00	97.33	97.21	97.92	98.00

数据来源：根据中国钢铁工业环境保护统计月报 2011—2015 年整理计算。

表 3 – 9   河北省部分钢铁企业高炉煤气利用率   单位:%

序号	企业	高炉煤气利用率				
		2011	2012	2013	2014	2015
1	唐钢	99.79	99.64	99.86	99.86	99.91
2	宣钢	99.54	99.68	98.99	99.96	99.97
3	承钢	99.44	99.76	99.80	98.91	97.21
4	邯钢	99.52	100.37	102.22	99.99	100
5	石钢	92.85	92.60	92.35	93.62	94.29

续表

序号	企业	高炉煤气利用率				
		2011	2012	2013	2014	2015
6	新兴铸管	95.98	98.12	97.45	99.77	99.27
7	河北津西	100	100	100	100	100
8	河北敬业	99.93	100	100	99.74	99.76
9	长治	98.00	92.78	94.43	90.10	92.10

数据来源：根据中国钢铁工业环境保护统计月报 2011—2015 年整理计算。

表 3-10　河北省部分钢铁企业转炉煤气利用率　单位:%

序号	企业	转炉煤气利用率				
		2011	2012	2013	2014	2015
1	唐钢	100	100	100	100	100
2	宣钢	100	100	100	100	100
3	承钢	80.74	84.88	80.50	87.89	89.07
4	邯钢	96.76	98.76	102.35	100	100
5	石钢	100	100	100	100	100
6	新兴铸管	100	100	100	100	100
7	河北津西	100	100	100	100	100
8	河北敬业	100	100	100	100	100
9	长治	85.32	96.61	100	100	100

数据来源：根据中国钢铁工业环境保护统计月报 2011—2015 年整理计算。

表 3 – 11   河北省部分钢铁企业钢渣利用率   单位:%

序号	企业	钢渣利用率				
		2011	2012	2013	2014	2015
1	唐钢	100	100	100	100	100
2	宣钢	66	66.21	70.30	81.27	93.91
3	承钢	100	100	100	100	100
4	邯钢	100	100	100	100	100
5	石钢	100	100	100	100	100
6	新兴铸管	100	100	100	100	100
7	河北津西	100	100	100	100	100
8	河北敬业	100	100	100	100	100
9	长治	99.83	100	100	100	100

数据来源:根据中国钢铁工业环境保护统计月报 2011—2015 年整理计算。

表 3 – 12   河北省部分钢铁企业高炉渣利用率   单位:%

序号	企业	高炉渣利用率				
		2011	2012	2013	2014	2015
1	唐钢	100	100	100	100	100
2	宣钢	100	100	100	100	100
3	承钢	100	100	100	100	100
4	邯钢	100	100	100	100	100
5	石钢	100	100	100	100	100
6	新兴铸管	100	100	100	100	100
7	河北津西	100	100	100	100	100
8	河北敬业	100	100	100	100	100
9	长治	100	100	100	100	100

数据来源:根据中国钢铁工业环境保护统计月报 2011—2015 年整理计算。

表 3-13 河北省部分钢铁企业含铁尘泥利用率 单位:%

序号	企业	含铁尘泥利用率				
		2011	2012	2013	2014	2015
1	唐钢	100	100	100	100	100
2	宣钢	100	100	100	100	100
3	承钢	100	100	100	100	100
4	邯钢	100	100	100	100	100
5	石钢	100	100	100	100	100
6	新兴铸管	100	100	100	100	100
7	河北津西	100	100	100	100	100
8	河北敬业	100	100	100	100	100
9	长治	100	100	100	100	100

数据来源:根据中国钢铁工业环境保护统计月报 2011—2015 年整理计算。

根据以上数据可以看出,2011—2015 年变化并不是太大,这里就不做具体分析。

六、河北省钢铁企业弱势分析

(一) 产业集中度水平较低,中小企业在产业总量中占主导地位

据国外专门机构测算,一个国家某行业前四家企业市场集中度若不足 40%,市场就会出现过度竞争,价格和供求关系也就会有较大的波动幅度。虽然河北省是钢铁大省,但是产业集中度在钢铁大省中最

低。石钢、唐钢、邯钢、承钢、宣钢、邢钢、津西、国丰、建龙、德龙、宝业、新兴铸管、银丰等企业的钢铁产量都在百万吨以上，但是，这些企业各自为政，相互竞争的同时又相互分离，难以形成统一规划的钢铁产业布局，更不能形成一条河北钢铁产业的生态链。

目前，河北省钢铁企业中，中小企业在产业总量中占主导作用。企业小而且分散，这些特点和发展规律，使得这些钢铁企业即使有自身特色，也很难做强做大。要形成统一的产业布局，必须有相应的产业配套、产业生态链，各个企业强强联合。统一规划产业布局，优化技术结构和产品结构，努力提高工艺装备水平，使产品销售顺畅，市场相互协调。各个钢铁企业能够优势互补，降低生产成本，一同把企业做强做大，由原来单船出海转变为联合舰队出海，一起抗击国际竞争的风浪。河北省钢铁集团有限公司的建成，在一定程度上提高了河北省钢铁企业的产业集中度。但是，与其他钢铁大省相比，产业集中度仍然比较低，这就加剧了钢铁业的波动性。

（二）产品品种结构不合理，技术装备水平低

河北省的钢铁产业位居全国第一，主要是以普碳钢和低合金钢，高附加值的产品却很少。低纯度的钢水，钢中硫、磷、夹杂物的去除能力低，使得高成型性钢板、汽车用高强度热轧板以及管线用钢板等产品的生产能力有限，可以替代进口的高技术板材更是寥寥无几。许多需要淘汰的设备还在运转，例如，小电炉、小转炉、小高炉、横列式轧机，等等。这些设备不但产能低、能耗高，甚至给生态环境带来了一定的压力。根据国家规定，转炉的吨钢耗新水应当

低于 6 吨，吨钢能耗 700kg 标煤。然而，这些小型设备的消耗却远远超出这一限制。

（三）资源支撑条件脆弱和管理落后，缺乏企业整体竞争力

制约河北省钢铁企业发展的重要因素：资源支撑条件脆弱，水资源紧张、铁矿石短缺，运输压力、电力瓶颈及环境污染，导致钢铁生产成本大幅度提高，产业竞争力降低。在水资源方面，河北省是严重缺水的省份，钢铁工业用水面临着严峻的考验。水成为制约河北省钢铁企业发展的一个很大的因素。随着河北省钢铁产量的增加，每年新水用量增加 4 亿立方米。铁矿石 40% 以上依赖进口（排在全国第一位）、一次能源 50% 以上需外省调入。由于铁矿石的短缺，铁精粉价格上涨，河北省要实现 5000 万吨生铁的产量，至少需要 7750 万吨铁精粉。

按照本省自产 3500 万吨铁精粉计算，剩余大约 4250 万吨的铁精粉必须从其他省份或者国外解决。在焦炭方面，焦炭短缺是河北省钢铁企业发展的一大软肋。河北省钢铁企业大多没有焦化生产的支持，人均煤炭储量仅为全国平均水平的 31.08%，有三成以上需要外购。成为河北省钢铁企业发展的较大制约因素。在电力方面，目前，有些企业每天的停电时间在八小时左右。在运输方面，现有的公路运输方式受到抑制，铁路运力不足。以上这些因素都阻碍了钢铁企业的发展，成为钢铁企业发展的"瓶颈"。

由于规模扩张，河北省钢铁企业经营管理以生产管理为中心。

随着市场竞争的加剧，增加了企业投资的不确定性，加之资金运作政策的失误，这一系列原因导致管财务管理费用的提高。一些新投产的技术改造项目与国外相比投资过大，建设成本高，利息高，包袱沉重，债台高筑，经济效益低，难以盈利，河北省钢铁产业面临着巨大的挑战。尤其严重的是，河北省钢铁产业高投入、高消耗、高污染、低产出，这样"三高一低"的现象很明显。与宝钢相比较而言，唐钢、邯钢吨钢综合能耗、吨钢可比能耗分别高 12.6%，10% 和 15%，4.2%。与其他钢铁大省相比较，河北省钢铁企业对资源和能源的依赖程度更高，资源环境问题更为突出。

（四）各自为政，难以形成高层次企业家

目前，河北省的钢铁企业，"十八条罗汉"、"七国争雄"、"诸侯林立"各自为政，既相互竞争又重复建设。河北省钢铁产业只有建立一个钢铁集团，实现强强联合，才能实现更强更大的发展。同时，由于钢铁企业规模普遍偏小，在国内外市场竞争中很难形成具有巨大影响力的高层次企业家。无论是国内还是国外钢铁企业的发展史证明，只有一两千万吨产量的钢铁企业才能培养出高层次的企业家。

（五）治理环境力度低，污染严重

一些环保指标，例如，废水达标率、外排废气和厂区降尘量等都与先进水平存在一定的差距。除此之外，污染治理水平、二次资源回收利用率、钢铁渣利用率等都很低。

（六） 自主研发能力不足

钢铁企业是河北省的重点企业，虽然唐钢和邯钢的技术中心是国家级的技术中心，但是他们的科研成果和实力，与宝钢等国内一流的钢铁企业有很大的差距。特别是一些高附加值和关键领域的开发，远远落后于国内一流的钢铁企业。河北省钢铁企业整体创新水平差，拥有的知识产权较少。核心技术和高端产品的缺乏，使得河北省的钢铁企业错过了许多进入国家重点工程的机会。唐山机车厂生产高速列车，没有用到河北省钢铁企业的一吨钢，"西气东输"主干线建设中，没有用到河北省一根钢材。由于河北省钢铁企业缺乏自主创新能力，所以，只能跟随其他钢铁企业的步伐，产品的更新换代速度很慢。

（七） 矛盾突出的产品结构

河北省的钢铁产品主要是粗钢，包括螺纹钢、线材、小型材、中型材等普通长线产品。但是，高附加值、技术含量高、特材钢、高等建材以及市场前景广阔的汽车用钢的生产力却很薄弱，这样就形成了主要出口粗加工的低附加值的产品，而这些产品价格比较低廉，利润比较小。

（八） 没有形成优胜劣汰、公平竞争的市场环境

河北省的钢铁企业比较分散，但是如果市场机制能发挥正常的作用，就不会有这么低的行业利润。在其他行业中也有行业集中

度比较低，但是有较好的行业利润，为什么钢铁行业的行业利润会下滑？究其原因，主要是钢铁行业的机制出现了问题，体现在两个方面：一方面是不完全公平的竞争条件；另一方面是企业没有灵敏的市场信号，一些企业在没有毛利的情况下就选择生产甚至增产。

（九）资金问题

近些年，河北省的经济快速发展，钢材的需求量稳定增长，造成了铁矿石供不应求、价格逐步攀升的局面。然而，河北省的铁矿石资源并不丰富，需要从外省或者国外进口，这样就增加了钢铁行业的成本。除此之外，引进高端人才、开发和设计钢铁产品、创新与应用新技术、改造与替换设备、回收利用废弃物、保护生态环境以及运营日常生产工作等都需要投入大量的资金。这些问题如不能及时加以解决，将加剧资源、能源、运输与环境之间的矛盾，导致恶性的市场竞争，扩大企业亏损的范围，增多停产的企业，增加失业人数，扩大银行呆账等一系列问题，甚至会使河北省钢铁企业丧失做强做大的重要机遇。

七、河北省钢铁企业存在的问题

河北省钢铁工业是中国钢铁工业的一个缩影，经过多年发展，河北省钢铁工业进一步调整和优化产业结构、加快集团化进程、淘汰落后产能取得积极进展，节能减排取得显著成效，并且实现了健康平稳的发展。在国际钢铁工业注重可持续发展和集团化的大背景下，河北省钢铁企业同样面临着生产成本上升、盈利空间缩小、产业集中度低、产品附加值低、节能减排等问题。

目前，河北省钢铁行业面临效益低、价格低、需求低、压力高的难题，即"三低一高"，在新常态的经济大背景之下仍然在持续。近些年，河北省树立了一些标杆企业，并且在系统化、金及管理以及持续改善等方面进行了深入的探索和认真的实践，一些大中型民营企业在转型升级中取得了明显的进展。现阶段，河北省钢铁企业的局面依然是"企业分化、竞争激烈、需求低、价位低、产能过剩"，"十三五"规划要求产能压减、环境约束的巨大压力，河北省钢铁企业面临着严峻的挑战。

河北省钢铁产业由两大板块组成：生产高附加值产品的板材板块、生产线材、螺纹钢的长材板块。板材板块集中度比较高，因此，小额资本很难进入，这就加剧了板块内各钢厂之间的竞争。长板材民营企业高度离散，投入比较多，企业数量多，规模小，很难对该行业进行整合。

当前，河北省钢铁企业进一步发展的主要问题集中表现在以下几个方面。

（一）原料能源供应紧张，瓶颈制约凸显

河北省钢铁企业进一步发展的支撑条件相对比较脆弱，焦炭、铁矿石和水资源供需矛盾加剧，运输及电力紧张。钢铁生产所需焦炭三成以上依赖外购，全省水资源极度匮乏，钢铁产业用水面临严

峻考验；运输力不足的矛盾日益突出，省内电力供应持续进展，这些因素导致钢铁企业原材料及产成品运输受到较大影响。

（二）产能大，但产业布局分散，企业规模偏小

由于种种历史和交通原因，河北省钢铁工业布局建设的原则主要是靠近原材料产地。但是，随着市场条件与资源的变化，尤其是河北省对进口矿石的依赖程度逐渐增强，钢铁企业逐步凸显出工业布局不合理的矛盾。

河北省钢铁产业布局不合理，高度分散、集中度低，企业规模偏小，与钢铁产业规模化、集约化的发展规律背道而驰。近些年以来，旺盛的钢铁市场需求带动了钢铁产业的快速发展。但是，河北省大兴钢铁企业，民营企业比较多，而且比较分散，大型钢铁企业比较少，这就使河北省钢铁企业的整体竞争力偏低。

有部分钢铁企业是备战备荒型的布局，还有很多企业形成了资源型的布局，如今这种钢铁工业的布局已经不能适应发展的需要。

河北省有 88 家钢铁企业具有炼钢能力，有 18 家企业的产能在 100 万吨以上，2 家企业产能在 500 万吨以上，30 家铁钢材联合企业。全省平均每家炼钢企业钢的生产规模为 65 万吨。这些企业拥有的主体设备，有 55.6% 的炼铁、36.2% 的炼钢和 4% 的轧钢能力是国家产业政策限期淘汰的设备。一些民营企业规模偏小，管理粗放，运营链条脆弱，产品单一且雷同，工艺设备落后，高耗能、高污染，同质化竞争激烈，技术进步、抵御市场波动能力和政策挤压较弱，投资和生产具有某种盲目性和投机性，随时面临淘汰出局的局面。

产业集中度低直接带来了三个后果：①不能有效配置资源；②行业自律性差；③企业很难实现集约化经营，这些都严重地制约着钢铁产业整体竞争力的提高。

（三）产品结构不合理并且雷同

河北省的钢铁产品属于资源粗放型、低附加值，产品结构问题严重。制造工业需要的高附加值、高技术含量的优质板带材、冷压薄板、超薄热带等深加工的产品很少，螺纹钢、焊接钢管、线材、热轧带板、中小型材、部分中厚板等在内的建筑钢材占全省钢材总量 60% 以上。

历经多年的发展，河北省钢铁产业低水平的重复建设，导致不合理的产品结构。现阶段使用的一些设备都是国家政策限期淘汰的。虽然板带材的水平与国家不相上下，但是，还是无力生产许多关键的品种，技术含量较低的窄带钢占有较大比例。近些年，河北省钢铁产能逐步扩大，各大中型钢铁企业都加大了产品结构调整的力度，是初级产品和高精尖产品增加的结果，初加工产品占有很大的比例。由此可见，河北省钢铁产业的产品结构调整的任务很艰巨。具体表现在两个主要方面：①需求增长的速度高于高附加值钢材的生产能力，有的高附加值产品甚至需要大量进口解决；②钢材生产的板带比与实际消费还有较大差距，只能依靠进口解决。

（四）落后产能大量存在，产能压减压力巨大

河北省小型钢铁企业居多，与大型的钢铁企业相比较，小型钢

铁企业在污染排放的单位成本方面处于劣势，面临着巨大的产能压减压力。虽然，近些年河北省在节能减排方面取得了不错的成效，但是，总能耗仍然很高，吨钢综合能耗与上年同期相比也呈现出了上升的趋势，节能减排的任务还是很艰巨。因为落后产能使得节能减排难以控制，所以河北省提升钢铁产业竞争力的重要环节就是淘汰落后产能。同时，河北省钢铁产业布局不合理和产业集中度低又促使了落后产能的存在。

根据国家规划的任务，2013 年河北省五年内压缩钢铁产能是6000 万吨，也就是到 2017 年需要压减炼铁和炼钢的产能各 6000 万吨。截至 2014 年年底，河北省钢铁行业已经淘汰的炼铁和炼钢产能是 3183.5 万吨、3896 万吨，分别占 6000 万吨任务的 53.1% 和64.9%。虽然，河北省钢铁过剩产能压减工作取得积极进展，但产能压缩任务仍然艰巨。

（五）产品结构调整和工艺结构优化、产品升级换代仍需加强，技术创新水平差距大，关键技术装备仍需进口

河北省民营钢铁企业占据了省内很大部分的生产能力，为河北省钢铁工业发展做出了重大贡献。但是，大多数民营企业不重视新产品的开发和技术的创新。

民营企业实现的产能与科技的投入、科研基础设施建设不成正比。除此之外，河北省钢铁工业在高效采选、高端产品开发、钢铁冶炼、废弃物综合利用技术等方面，同世界先进水平还存在很大的差距。

经过 2014 年的实地调研，河北省钢铁产品中资源粗放型仍然占有主导的地位，高附加值深加工产品过少。由于过高的生产成本和缺乏市场竞争力，企业生产的钢材只是一些建筑钢材，例如螺纹钢、焊接钢管、线材、中小型材、部分中厚板以及热轧带板等。企业要生存和可持续发展，就必须加大技术创新的投入，积极开发高端新产品，努力调整产品结构。因此，河北省大多数钢铁企业面临的紧迫任务是，加快研发高附加值产品，调整和优化产业结构、工艺结构，实现普钢到精品钢的转变。

由于企业缺乏全面、有效的技术开发与创新能力和机制，科技成果系统集成和转化应用与技术改造脱节。一方面，重大冶金装备如炉外精炼装置、冷连轧机、热连轧机、不锈钢冷轧机、镀锌机组和冷轧硅钢片机组中的关键设备和技术还需要从国外引进。另一方面，部分高附加值品种如轿车面板、不锈钢板、高牌号取向硅钢和无取向硅钢等产品实物质量与进口产品相比，差距较大。

科研开发和技术改造有着紧密的联系，就河北省目前的情况看，必须大力提高技术的开发与能力的创新。现阶段，由于技术开发的投入比较小，科技成果系统以及转化应用都不够，新产品和新工艺开发的速度很缓慢。另外，很多大型企业存在着产权结构不清晰，责任和权利不对等的问题，这就造成企业开发的投入偏少，技术创新的动力不足，根本无法适应国际上激烈的市场竞争。河北省内生产钢铁需要的一些备品和备件，以及一些重要的大型冶金设备，长期需要进口，并且重复引进的现象很严重。

（六）消耗高、环境污染严重，环境约束和绿色发展的巨大压力

近些年，北京、天津以及河北省部分地区频频弥漫着雾霾的天气，环境治理的压力越来越大。各级政府面前一个非常紧迫的问题，就是如何才能在不影响经济效益的情况下有效治理污染。因此，作为京津冀地区的钢铁企业而言，环境的约束已经成为企业发展的重大难题。随着环境约束压力越来越大，实现绿色发展已经迫在眉睫，河北省钢铁企业必须转变以产能占主导地位的发展观念。同时，2015 年施行修订后的《环境保护法》加大了河北省钢铁企业的压力，改变了以牺牲环境为代价的发展模式的思维定式，加大了对企业违法的成本。除此之外，《京津冀及周边地区落实大气污染防治行动计划实施细则》的实施进一步推进节能改造和环境治理，无形中又对河北省钢铁企业带来了巨大的压力。

河北省数百家的钢铁企业中，大多数的企业为工艺落后、环保设施差的地方性小企业，都存在着严重的环境污染问题。生产规模较大、工艺比较先进、环保设施完善的企业数量比较少，这少数企业的资源消耗水平仍然与全国平均水平存在一定的差距。可以看出，河北省钢铁产业的整体污染控制技术水平仍然比较落后。这些钢铁企业在生产过程中排放的有害物质，例如粉尘、烟尘、固体废弃物、二氧化硫、氮氧化物、石油类、废水中挥发酚、化学需氧量、氰化物、氨氧化物等正是空气污染的重要指标。加重对环境与资源的破坏，制约着河北省钢铁企业的发展。

（七）投资过热，低水平重复建设严重

钢材利润空间的增大和需求的增长，使得很多投资者进行投资，导致了相当一部分低水平的重复投资，加剧了钢铁工业结构性矛盾。这些重复性的投资，造成资源消耗过度以及严重的环境污染的问题，浪费了巨大的资源，扭曲了经济结构。

（八）中小型且负债率过高的钢铁企业面临的困难重重

"十二五"后期，中国经济进入新常态，钢材消费的需求出现下降的态势，我国钢铁企业出现了微利甚至亏损经营的局面。相比较而言，大型钢铁产业具有成本和规模的优势，而中小钢铁企业面临着技术能力低和产业链短的困难。

河北省绝大多数是中小型的企业，面临的困境更是令人担忧。特别是一些负债率过高的企业更是举步维艰。铁矿石的价格很低，有很小的下降空间，企业内部消耗压缩空间有限。人才、技术以及营销等因素的制约，使得一些中小钢铁企业出现了现金流短缺和融资困难的问题，因此，这些中小企业经营面临着重重困难，甚至是倒闭的局面。

八、河北省钢铁企业发展趋势分析

现阶段，我国处于工业化和信息化的重要时期，然而与发达国

家的人均钢铁消费量却是有一定的差距，说明钢铁行业有很大提升空间。国内市场对钢铁产品的需求将持续、稳定增加。我国钢铁行业要走经济消耗小、科技含量高、资源消耗低、环境污染少、人力资源得到充分利用的新兴工业化道路，在调整和发展中解决问题，以信息化带动工业化，以工业化促进信息化，努力建设成为竞争力强的钢铁强国。发展钢铁产业不仅要提高数量，更重要的是提高钢铁产品的质量和增加钢铁的品种；不能靠铺新摊子上新项目，而是要努力提高产业集中度，加强现有企业改造；不能过度消耗资源、污染环境，而是要集约经营、降低消耗，提高企业和产品竞争力。河北钢铁产业要增强危机感和紧迫感，扬长避短，由大变强。

（一）自主创新与产业升级

河北省钢铁产业的软肋是能耗高、缺乏核心技术与自主品牌、技术含量低。

现代钢铁企业的实力，不仅仅拘泥于产量和价格两个指标，核心技术和自主创新也成为两项衡量钢铁企业实力的标准。面对全球市场化的经济格局，钢铁行业的制胜法宝就是核心技术和自主创新能力。面对钢铁"巨无霸"在管理和科技实力、资本以及品牌的实力，河北省钢铁企业必须在四个方面寻求突破。

1. 不断提高科技和管理水平

钢铁企业要适应多样化的市场需求，就必须有多样化的产品，努力提高企业的创新能力、集成能力，努力实现生产高效化、信息化、紧凑化和连续化水平。通过重组和并购企业提升整个行业的综合竞争力，运用资本运作等手段整合竞争要素，积极完善治理结构和产业链，实现低成本的扩张。

2. 市场定位准确

大型骨干企业的技术改造和新建项目要增强国际和国内市场的竞争力，努力进入国际经济的大循环当中；一般规模和较小规模的企业要增强抵抗市场风险的能力，努力发挥比较优势。如果不具备整体的优势，就努力造就局部的优势；如果无力把整个企业做得很好，就把几个或者一个产品做得更好。

3. 以战略眼光重视人才培养

创新会提高科学技术水平，科学技术水平的提高，又会提高企业的综合实力，而创新的载体是人才，所以，终归到底还是要重视人才的培养。河北省钢铁产业要以科技进步带动项目进步，培养从设计、制造工艺到操作、管理的各类各级优秀人才，挑战"绿色制造"和"极端制造"，不断抢占钢铁市场制高点。

4. 加快产业升级

加快产业升级，调整产品结构，淘汰旧工艺，把产品质量作为产业升级的基本着力点，实现企业的变强变大。通过资产重组，用科学配置、超前配置以及零冲突配置的设施设备代替落后配置、重复配置和冲突配置的设施设备，实现全行业设施设备和技术工艺的大跨越。

（二）生产方式转变与发展循环经济

钢铁行业是一个资源密集型的产业，大规模地消耗能源、矿石资源及水资源，其中，能源成本占产品成本的 30% 左右。集约经营、降低消耗、提高企业和产品竞争力是转变增长方式和生产方式的核心，这就需要搞好节能降耗、环境保护和资源合理利用。不但是降低生产成本和提高经济效益的需要，更是践行科学发展观和建设节约型社会的需要。

1. 建设生态化、绿色化钢铁工业

建设生态化、绿色化的钢铁工业，推进"清洁生产"工艺技术的运用是重点。努力提高节能、环保和资源利用的水平，全面推广余能、余压以及余热的回收利用技术。通过综合治理和控制过程，实现生产过程各种废弃物减量化、最小化、无害化和资源化。

2. 以集约经营带动循环经济

发展循环经济是一项系统工程，它不单纯是在企业的内部开展节能降耗。河北省钢铁企业数量众多、规模小、离散度高，资源的消耗、争夺和浪费都很严重。

个体资金和手段的局限性，很难实现生产方式和增长方式的转变，更不用说实现循环经济。集约经营是低消耗、高产出、清洁化生产经济发展模式的前提，而联合重组又是集约经营的必经之路。

钢铁企业只有通过联合重组，才能优化产业布局，调整产业结构，集中力量实施各种措施，形成分工合作、资源共享的共赢局面，实现资源的优化管理和能源的节约利用，达到循环经济的目标。

3. 节能减排越来越受到重视

钢铁行业是能源消耗和污染物排放的大户，节能减排越来越受重视，这无疑是钢铁行业的重点工作。从不同企业的规模进行分析，钢铁行业在结构性方面存在着严重的矛盾：大中型企业的产量占80%左右，与国际先进水平相比较而言，能耗相差10%～15%；中小企业的产量占20%左右，与国际先进水平比较而言，能耗相差却达到了50%，这是由中小型钢铁企业落后的技术设备造成的。因此，中小型企业是钢铁行业节能降耗的重点。

随着人们越来越重视环境的保护，钢铁行业不再是盲目追求数量的增长，开始把目光转向提高质量。由于河北省资源的匮乏，单纯依赖资源的经济发展模式不会长远。因此，将产品结构调整和节能降耗以及淘汰落后产能结合起来，符合河北省钢铁行业发展的要求。

（三）组织结构调整及产品结构调整

1. 组织结构调整——通过并购重组实施

钢铁产量大幅快速增长的过程中，有部分无序增长的成分，大量的盲目建设项目，导致河北省钢铁行业集中度下降。一方面，钢铁生产的分散使得资源配置不合理，不能掌握原材料和海运费的话语权；另一方面，各个企业为了在竞争中获胜，不断扩大生产的规模，这就使得本来就不合理的产业布局矛盾更加严重。除此之外，钢厂没有根据市场需求的变动来调节生产数量的权利，被动地接受价格，大大地削弱了河北省钢铁企业的整体竞争力。通过分析，河北省企业当前需要解决的任务就是努力提高产业集中度。世界上先进钢铁工业发展的历史表明，钢铁企业要想做强做大，并购重组是必由之路。河北省钢铁企业更是如此，只有这样才能走上良性的发展道路。调整产业组织结构、实施重组以及兼并，扩大骨干企业的规模，提高产业集中度，进而提升河北省钢铁产业的整体竞争力。

2. 努力调整产品结构，重点发展高附加值产品

河北省钢铁行业在经历了供不应求到总体供大于求的转变后，逐渐暴露出结构性过剩的问题，保持市场竞争力的关键就是根据市场结构调整产业结构，努力提高产品的附加值。事实上，我们已经看到了，河北省的钢材品种正在努力进行调整。目前，不锈钢线材、不锈板带、镀锡板、铁道用材、冷轧薄板卷、电工钢带、合金板带等品种仍然是净进口。其中，急需的是后三种。随着工业化和现代化水平的提高，市场对钢材质量水平以及品种结构提出了高附加值、高技术含量、多功能、优质的新要求。目前，国际先进产钢国板管比一般在60%以上，日本和欧洲的主要钢铁企业努力在高档化和精细化等方面提升钢铁产品的质量。由此可见，河北省钢材未来的发展方向必须从以量取胜向以质取胜进行转变。

　　经过多年的发展，河北省钢铁产业已经有了自己的发展道路，并且产业聚集规模已经达到了一定的高度。但是，河北省钢铁企业的发展仍然存在很多的问题，需要进一步解决，这对于河北省钢铁企业未来的发展是至关紧要的。

　　综上所述，河北省钢铁企业要发展，要解决发展中所存在的问题，一方面主要是通过创新来完成，包括生产工艺的创新、产品的创新，等等；另一方面，是通过全行业大规模整合和企业间产品定位分工来完成的。

第四章　河北省钢铁企业
生态承载力综合评价

一、河北省钢铁企业生态承载力评价

按照优选法则，从河北省 112 家钢铁企业中选择八家大型骨干企业，根据第三章对河北省钢铁产业的定性和定量分析，运用综合评价法和灰色关联度法评价河北省钢铁企业生态承载力，构建河北省钢铁企业生态承载力评价指标体系。

具体步骤如下。

1. 建立指标体系

通过建立指标体系，进一步对河北省钢铁企业生态承载力进行研究。根据"减量化、再循环、再利用"的原则，建立了两层指标体系。第一层为包括三个因素的主体指标，第二层包括 13 个因素的指标层（陈伟，2015）（表 4 - 1）。根据指标的特点，选择了运用综合指数法和灰色关联度法进行研究。运用德尔菲方法确定指标权重。

表4-1 河北省钢铁企业生态承载力评价指标体系

主体指标 B	权重 B~A	群体指标 C	权重 C~A
资源消耗强度	0.2198	吨钢综合能耗	0.0731
		吨钢可比能耗	0.0731
		吨钢耗电	0.0368
		吨钢耗新水	0.0368
资源综合利用强度	0.5077	水重复利用率	0.1482
		高炉煤气利用率	0.0719
		转炉煤气利用率	0.0719
		钢渣利用率	0.0719
		高炉渣利用率	0.0719
		含铁尘泥利用率	0.0719
环境保护协调性	0.2725	单位外排废水 COD 含量	0.0333
		单位废气 SO_2 排放量	0.0874
		单位废气烟（粉）尘排放量	0.1518

选取这些指标的依据是：①符合钢铁企业生产特性；②涵盖了钢铁生态承载力的范畴；③体现了钢铁企业节约、集约资源特色；④落实到生态低碳减排的具体方面。

根据指标的特点和钢铁企业生态侧重面，本着共性和特性相结合，特别是能比较全面地评价钢铁企业生态承载力，选择了综合指数法和灰色关联度法进行评价。运用德尔菲方法确定指标权重。

主体指标 B 介绍如下：

1）资源消耗强度：是指钢铁企业生产过程中对能源的消耗程度，主要使用吨钢能耗、吨钢新水耗、吨钢电耗等指标来衡量。数值越小，说明能耗效率高，也即资源消耗强度越高。

2）资源综合利用强度：主要是指钢铁企业资源回收再利用的程度，包括水重复利用率、钢渣利用率等六项指标。数值越大，说明资源综合利用越好，资源综合利用强度越高。

3）环境保护协调性：主要是指钢铁企业外排废水、废气、废渣对环境造成污染或影响的程度。数值越小，对环境的污染越小，环境保护协调性越好。

群体指标 C 介绍如下：

1）吨钢综合能耗：指企业在报告期内平均每生产一吨钢所消耗的能源折合成标准煤量。

2）吨钢可比能耗：指钢铁企业在报告期内，每生产一吨粗钢，从炼焦、烧结、炼铁、炼钢直到企业最终钢材配套生产所必需的耗能量及企业燃料加工与运输、机车运输能耗及企业能源亏损所分摊在每吨粗钢上的耗能量之和，不包括钢铁工业企业的采矿、选矿、铁合金、耐火材料制品、碳素制品、煤化工产品及其他产品生产、辅助生产及非生产的能耗。

3）吨钢耗电：每炼一吨钢耗电千瓦时，就是从焦化、生铁、炼钢、轧钢一个流程下来的耗电量。

4）吨钢耗新水：每炼一吨钢耗新水立方米。

5）水重复利用率：每吨水重复利用的百分比。

6）高炉煤气利用率：每立方米煤气利用百分比。高炉煤气回收利用率与通常所讲的煤气放散率是相对的。即回收利用的煤气量（立方米/小时）与总煤气发生量（立方米/小时）之比，通常用百分比表示。

7）转炉煤气利用率：每立方米煤气利用百分比。

8）钢渣利用率：每吨钢渣被再利用的百分比。

9）高炉渣利用率：每吨高炉渣利用百分比。

10）含铁尘泥利用率：每吨含铁尘泥利用百分比。

11）单位外排废水 COD 含量：每立方米废水中化学需氧量毫克。

12）单位废气 SO_2 排放量：每立方米废气中二氧化硫含量毫克。

13）单位废气烟（粉）尘排放量：每立方米废气中烟尘排放毫克。

2. 评价模型的构建

生态承载力综合评价指数公式如下：

$$Y_k = \sum_{i=1}^{mk} w_{ki} A_{ki} \tag{1}$$

把（1）式带入（2）式得：

$$Y_k = \sum_{k=1}^{n} f_k Y_k \tag{2}$$

$$Y = \sum_{k=1}^{n} f_k Y_k = \sum_{k=1}^{n} f_k \sum_{i=1}^{mk} w_{kt} A_{kt} \tag{3}$$

公式（3）即生态承载力综合评价指数模型，其中 Y 为生态承载力综合评价指数；Y_k 为第 k 个主体指标指数；n 为主体指标的总数量；f_k 为第 k 个主体评价指标权重；w_{ki} 为第 k 个主体指标中第 i 个全体评价指标的权重；A_{ki} 为第 k 个主体指标中第 i 个群体评价指标的数值；m_{ki} 为第 k 个主体指标中群体指标的数量。

首先，根据表 4-1，资源消耗强度、资源综合利用强度和环境保护协调性三项主体指标分别用 Y_1、Y_2 和 Y_3 表示，按序号将群体指标分别用 a_1、a_2、a_3、$\cdots$、a_{12}、a_{13} 表示。根据群体指标设定的权重，可得到三项主体指标的计算公式。如下：

$$Y_1 = 7.31a_1 + 7.31a_2 + 3.68a_3 + 3.68a_4$$

$$Y_2 = 14.82a_5 + 7.19a_6 + 7.19a_7 + 7.19a_8 + 7.19a_9 + 7.19a_{10}$$

$$Y_3 = 3.33a_{11} + 8.74a_{12} + 15.18a_{13}$$

上述公式中的 a_1、a_2、a_3、$\cdots$、a_{13} 分别为 13 个群体指标的标准数值。

其次，根据主体指标设定的权重，进一步推算出生态承载力综合评价指数计算公式。如下：

$$Y = 21.98\% Y_1 + 50.77\% Y_2 + 27.25\% Y_3$$

Y 即某企业某一年的生态承载力综合指数，反映出该企业生态承载力的总体发展水平。

3. 权重的确定

由于指标体系层次复杂和指标数量大，因此运用层析分析法进行赋权。层次分析法（Analytic Hierarchy Process，简称 AHP）可以实现将与决策有关的元素分解成目标、准则、方案等层次，在此基础之上进行定性和定量分析的决策❶。

---

❶ 资料来源：http://baike.so.com/doc/5386070-5622520.html

4. 数据的标准化处理

以参与比较钢铁企业的各指标最好状态数值为参照，即采用以现阶段各指标实测最高值为 1 进行标准化的量化处理方法。体现了生态承载力标准的动态变化特征，也体现了生态承载力的相对概念、发展的不平衡性及动态变化性，具有良好的可比性。因此，采用这种标准化方法来测算河北省部分钢铁企业的生态承载力水平，容易发现河北省钢铁企业生产中生态环保方面存在的问题。代入第三章中表 3 - 1 至表 3 - 13 数据。

第一步：分别算出 2011—2015 年唐钢、宣钢、邯钢、承钢、石钢、新兴铸管、河北敬业和首钢长治八家钢铁企业的上述衡量生态承载力的各项指标数值。

第二步：在进行对比的指标中，找出最好状态数值。其中，正指标应越大越好，故最大值为最好状态数值；逆指标是越小越好，最小值为最好状态数值。

第三步：以各指标最好的状态数值系数为 1，分别计算出八家钢铁企业相对于最好状态数值的百分比系数。

正指标的标准化处理是将原始数据除以该项最大值，即 $a_{ki} = A_{ki}/\max A_{ki}$（$i$ 可以等于 j）。

a_{ki} 为某一群体指标的标准化值，A_{ki} 为指标数值，$\max A_{ki}$ 为该群体指标的最大值。

逆指标的标准化处理是用整数 1 减去原始数据除以该项最大值，即 $a_{ki} = 1 - A_{ki}/\max A_{ki}$（$i$ 可以等于 j）。

标准化处理后，各评价指标 a_{ki} 均满足于 $0 \leq a_{ki} \leq 1$，消除了量纲差异带来的不可比性，得出生态承载力的评价指标的标准数据排列矩阵。

5. 加总

将标准化的群体指标标准数值与各自的权重相乘，然后分层加总，就可分别得到八家钢铁企业的生态承载力综合评价指数的总分值。数据来源第三章表3-2至表3-13，计算过程略。

整个体系采用百分制，满分为100分（表4-2）。

表4-2 "十二五"期间河北省部分钢铁企业生态状况测算得分

企业	资源消耗强度				
	2011年	2012年	2013年	2014年	2015年
唐钢	4.2619	3.4438	3.7579	2.9505	3.7379
宣钢	3.9032	3.0762	3.3743	3.9287	3.8434
承钢	4.3168	3.5342	4.727	4.8903	4.4312
邯钢	3.6674	3.4276	4.0624	4.0028	4.6051
石钢	3.3574	2.6167	3.0672	2.6914	3.216
新兴铸管	3.2896	2.7675	1.9506	2.6197	3.5698
河北敬业	4.0717	3.5054	4.1407	4.3428	5.0522
首钢长治	1.1992	2.3163	2.2837	1.619	2.032
企业	资源综合利用强度				
	2011年	2012年	2013年	2014年	2015年
唐钢	50.7599	50.7177	50.4389	50.7296	50.6867
宣钢	48.1845	48.2352	48.2257	49.3908	50.2516
承钢	48.9572	49.4155	48.9621	49.5276	49.7835

续表

企业	资源综合利用强度				
	2011 年	2012 年	2013 年	2014 年	2015 年
邯钢	50.3721	50.6355	50.6703	50.7156	50.7474
石钢	50.1613	50.1681	49.8759	50.3947	50.2706
新兴铸管	50.4136	50.5967	50.2603	50.6823	50.6633
河北敬业	50.3968	50.535	50.2432	50.5537	50.5478
首钢长治	49.3407	49.8692	49.9285	50.3545	50.1477

企业	环境保护协调性				
	2011 年	2012 年	2013 年	2014 年	2015 年
唐钢	13.561	11.4425	11.3687	7.0544	7.5774
宣钢	12.2795	9.2652	10.857	7.8714	6.1999
承钢	10.2376	9.7257	9.906	12.8543	9.4352
邯钢	7.5798	15.2707	16.216	14.3292	10.2452
石钢	17.9849	17.4249	18.2471	15.6617	13.9069
新兴铸管	15.5693	17.0895	18.134	18.5149	20.1979
河北敬业	5.5923	5.7331	5.2494	17.0184	8.1216
首钢长治	12.6841	13.6717	12.6372	13.3783	15.6448

企业	钢铁企业生态承载力				
	2011 年	2012 年	2013 年	2014 年	2015 年
唐钢	68.5828	65.604	65.5672	61.1845	62.002
宣钢	64.3671	60.5765	62.457	61.191	60.2949
承钢	63.5116	62.6755	63.5951	67.2721	63.6499
邯钢	61.6193	69.3338	70.9486	69.0476	65.5977
石钢	71.5035	70.2097	71.1902	68.7478	67.3935
新兴铸管	69.2724	70.4537	70.3449	71.8169	74.4309

企业	钢铁企业生态承载力				
	2011 年	2012 年	2013 年	2014 年	2015 年
河北敬业	60.0608	59.7734	59.6333	71.9149	63.7216
首钢长治	63.224	65.8573	64.8494	65.3518	67.8246

二、河北省钢铁企业生态承载主体指标评价

前述表 4-1，13 个层次指标归纳为三项主体指标，即资源消耗强度、环境保护协调性、资源综合利用强度。三项主体指标从不同角度反映了钢铁企业生态承载力变化。下面用图示加以说明河北省钢铁企业生态承载主体指标变化情况。

通过动态和横向两种比较，一种是同一年份不同企业比较，一种是不同年份同一企业比较，选取 2015 年八家钢铁企业进行横向比较，分析河北省钢铁企业整体资源消耗强度、环境保护协调性、资源综合利用强度（图 4-1 至图 4-20）。

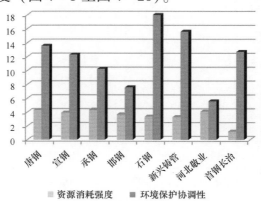

图 4-1　2011 年钢铁企业生态比较（1）

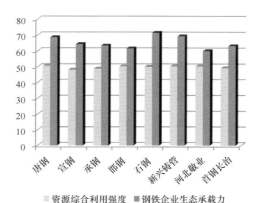

图 4-2　2011 年钢铁企业生态比较（2）

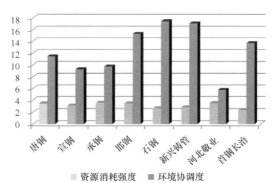

图 4-3　2012 年钢铁企业生态比较（1）

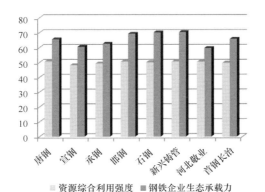

图 4-4　2012 年钢铁企业生态比较（2）

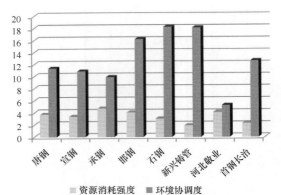

图 4-5　2013 年钢铁企业生态比较（1）

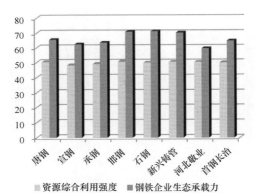

图 4-6　2013 年钢铁企业生态比较（2）

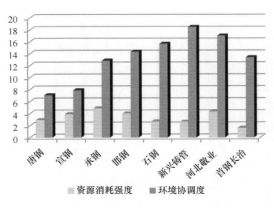

图 4-7　2014 年钢铁企业生态比较（1）

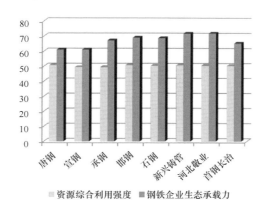

图 4 - 8　2014 年钢铁企业生态比较（2）

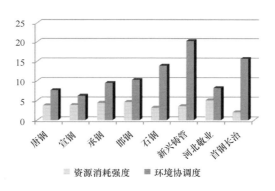

图 4 - 9　2015 年钢铁企业生态比较（1）

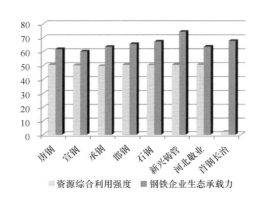

图 4 - 10　2015 年钢铁企业生态比较（2）

（一） 同一年份不同企业比较

从图 4-1 至图 4-10 说明：资源消耗强度是指钢铁企业生产过程中对能源的消耗程度，主要使用吨钢能耗、吨钢新水耗、吨钢电耗等指标来衡量。从 2011—2015 年唐钢等八家钢铁企业能源消耗强度来看：资源消耗强度处在大体下降趋势，但是个别企业在不同年份有小幅回升趋势，如承钢、宣钢和邯钢等企业。通过分析发现，2015 年钢铁行业产能有所回升，能源消耗量也随之增加。

虽然个别钢铁企业资源消耗强度有所波动，但是环境保护协调性却在逐年降低，而环境协调度主要是指钢铁企业外排废水、废气、废渣对环境造成污染或影响的程度。从数据可以看出，河北钢铁企业环保意识较强，环保效果相对较好。

从资源综合利用强度来看，河北钢铁企业资源综合利用强度相对较好。而资源综合利用强度主要是指资源回收再利用的程度，从唐钢等八家企业的资源综合利用强度数据可以看出，河北钢铁企业在资源回收再利用方面做了大量的工作，成果相对较好，主要表现在环境协调度方面，对环境造成污染相对较低。

（二） 不同年份同一企业比较

图 4-11 显示出唐钢企业资源消耗强度逐年下降，说明资源消耗降低，环境保护协调性也呈下降趋势，说明对环境的保护意识在增强。

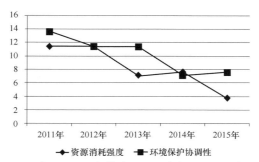

图4-11 "十二五"年期间河北唐钢企业生态比较（1）

图4-12显示出唐钢资源综合利用强度变化不大，生态承载力有所下降。

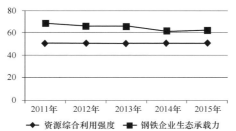

图4-12 "十二五"年期间河北唐钢企业生态比较（2）

图4-13显示出宣钢企业资源消耗强度变化不大，说明资源消耗情况没什么改进，环境保护协调性呈下降趋势，说明对环境的保护意识加强了。

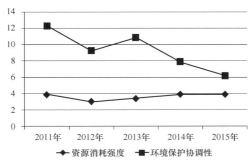

图4-13 "十二五"年期间河北宣钢企业生态比较（1）

图 4-14 显示出宣钢资源综合利用强度、生态承载力都变化不大，说明了企业生态效率不高。

图 4-14   "十二五"年期间河北宣钢企业生态比较（2）

图 4-15 显示出承钢企业资源消耗强度变化不大，环境保护协调性变化不大，2014 年反弹很大，说明对环境的保护意识有待于加强。

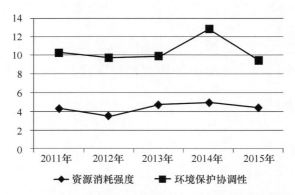

图 4-15   "十二五"年期间河北承钢企业生态比较（1）

图 4-16 表明承钢资源综合利用强度、生态承载力都变化不大，直接说明了企业生态效率不高。

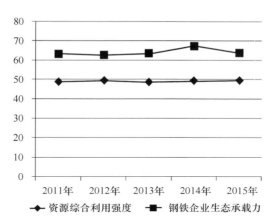

图 4－16　"十二五"年期间河北承钢企业生态比较（2）

图 4－17 表明邯钢企业资源消耗强度变化不大，2015 年小幅上升，说明企业单位资源消耗，诸如吨钢电耗、吨钢耗新水等指标有所抬头。环境保护协调性变化很大，呈抛物线趋势，说明企业"十二五"期间一头一尾都注重了企业发展与环境保护的关系，但中间年份年反弹很大，说明对环境的保护意识淡漠。

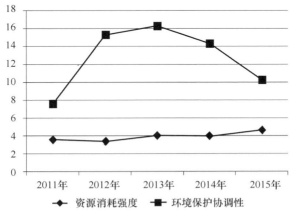

图 4－17　"十二五"年期间河北邯钢企业生态比较（1）

　　图4-18表明邯钢资源综合利用强度、生态承载力都变化不大。直接说明了企业生态效率不高。

图4-18　"十二五"年期间河北邯钢企业生态比较（2）

　　图4-19显示出石钢资源消耗强度变化不大，环境保护协调性下降了不少。作为省会城市在环境保护方面带了个好头，有利于京津冀大环境的改善，但生态承载力没有明显的变化（图4-20）。

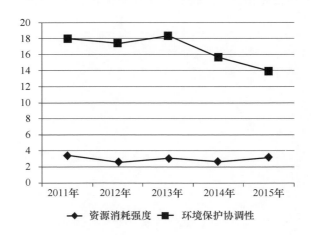

图4-19　"十二五"年期间河北石钢企业生态比较（1）

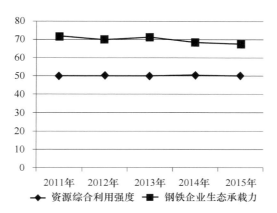

图 4-20　"十二五"年期间河北石钢企业生态比较（2）

五大钢铁企业的生态情况能够说明河北省钢铁生态存在的问题，其他较小的企业不再赘述。

三、河北省钢铁企业生态承载力指数评价

（一）权重的确定

由于指标体系层次复杂和指标数量大，因此运用层析分析法进行赋权（刘安治，2007）。层次分析法（Analytic Hierarchy Process 简称 AHP）可以实现将与决策有关的元素分解成目标、准则、方案等层次，在此基础之上进行定性和定量分析的决策。

前述表 4-1 的 13 项层次指标中，吨钢综合能耗、吨钢可比能耗、吨钢耗电、吨钢耗新水、外排废水 COD 含量、SO_2 排放量和烟（粉）尘排放量七项属于反映压力的指标，水重复利用率、高炉煤气

利用率、转炉煤气利用率、钢渣利用率和高炉渣利用率六项属于反映支撑力的指标。

（二） 河北省钢铁企业生态承载力指数评价

承载力指数 = 压力指数/支撑力指数。大于 1 为生态超载，等于 1 为生态适宜，小于 1 为生态健康。

$$压力指数 = 资源消耗强度 + 环境保护协调性$$

$$支撑力指数 = 资源综合利用强度$$

利用灰色关联度方法（王坤岩等，2014）来计算出 2010—2015 年河北省钢铁企业的生态支撑力指数[1]、压力指数[2]和生态承载力指数[3]如表 4 – 3 和图 4 – 21 所示。

计算过程从略。

表 4 – 3　　"十二五" 期间河北省部分钢铁企业生态承载力指数

企业	2011 年	2012 年	2013 年	2014 年	2015 年
唐钢	0.9047	0.7550	0.7630	0.5075	0.5735
宣钢	0.7798	0.5953	0.6863	0.5828	0.5047
承钢	0.7125	0.6552	0.7165	0.8788	0.6903

---

[1] 支撑力指数 = 资源综合利用强度。

[2] 压力指数 = 资源消耗强度 + 环境保护协调性。

[3] 承载力指数 = 压力指数 × 支撑力指数/1000，大于 1 为生态健康，等于 1 为生态适宜，小于 1 为生态超载。进一步划分，大于 0.8 同时小于 1.0 属于轻度生态超载，大于 0.4 同时小于 0.8 属于中度生态超载，大于 0 同时小于 0.4 属于重度生态超载。

续表

企业	2011 年	2012 年	2013 年	2014 年	2015 年
邯钢	0.5665	0.9468	1.0275	0.9297	0.7536
石钢	1.0706	1.0054	1.0631	0.9249	0.8608
新兴铸管	0.9507	1.0047	1.0095	1.0712	1.2042
河北敬业	0.4870	0.4669	0.4718	1.0799	0.6659
首钢长治	0.6850	0.7973	0.7450	0.7552	0.8865

注：数据根据前述几个表计算得出。

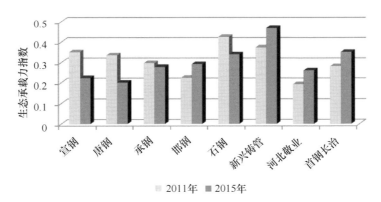

图 4 - 21　2011 年和 2015 年河北省部分钢铁企业生态承载力指数比较

1. 河北省钢铁企业整体承载力分析

"十二五"期间河北省几家大型钢铁企业生态承载力有高有低。唐钢、宣钢 2015 年比 2011 年下降了 0.15，承钢略有下降；其他五家钢铁企业 2015 年比 2011 年都是上升的趋势，说明生态承载与钢铁生产相匹配（图 4 - 22，图 4 - 23）。

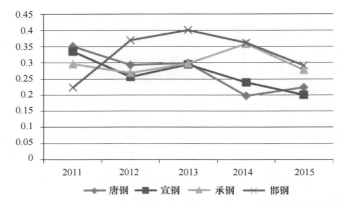

图 4 - 22   "十二五"河北省钢铁企业生态承载指数动态变化（1）

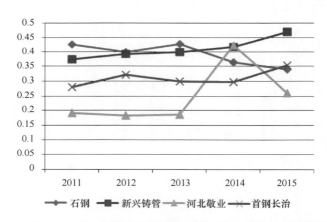

图 4 - 23   "十二五"河北省钢铁企业生态承载指数动态变化（2）

可以看出：唐钢等八家企业的生态承载力指数从 2011 年到 2015 年大体呈增长趋势，其中邯钢、河北敬业、首钢长治等企业增长明显。但是，唐钢、宣钢等企业有所下降。2011—2015 年是钢铁企业发展比较艰难的时期，整个行业面临节能减排的巨大压力，企业在节能减排、脱硫等方面做了大量工作，主要表现在脱硫设备的增加和节能减排技术的上马等方面，再加上全球钢铁工业的需求量放缓，造成个别企业生态承载力下降。

2. 河北省钢铁企业个体生态承载力动态分析

从表 4 - 3 可以看出，河北省八家钢铁企业生态承载系数，以及生态是健康状态还是超载状态。

0.4 < 唐钢生态承载指数 > 0.8，属于轻度到中度生态超载。

0.4 < 宣钢生态承载指数 > 0.8，属于中度生态超载。

0.4 < 承钢生态承载指数 > 0.8，属于中度生态超载。

0.4 < 邯钢生态承载指数 > 1.0，属于中度生态超载到生态健康。

0.8 < 石钢生态承载指数 > 1.0，属于生态超载到生态健康。

0.8 < 新兴铸管生态承载指数 > 1.0，属于生态超载到生态健康。

0.4 < 河北敬业生态承载指数 > 1.0，属于生态超载到生态健康。

0.4 < 首钢长治生态承载指数 > 0.8，属于轻度到中度生态超载。

从总体来看，邯钢、石钢、新兴铸管、河北敬业，生态承载力向健康发展，唐钢、宣钢、承钢、首钢长治都还有一定的差距，在生态建设上还需要下大力气。

四、河北省与其他省份钢铁企业生态承载力比较

（一）河北省与其他省份钢铁企业生态状况比较

运用表 4 - 1 构建的河北省钢铁企业生态承载力评价指标体系、权重值和标准化处理的方法，选取了河北省三家有代表性的龙头钢铁企业（唐钢、邯钢和石钢），选取了其他省份五家有代表性的钢铁企业（鞍钢集团、攀钢集团、杭钢、济钢和酒钢）进行生态承载力横向比

较研究，以说明河北省在我国钢铁产业的位置以及与其他钢铁企业对比的优势和差距（表4-4）。测算结果从略。

表4-4 "十二五"期间河北省与其他省份钢铁企业生态状况测算得分

企业	资源消耗强度	资源综合利用强度	环境保护协调性	钢铁企业生态承载力
唐钢	2.3561	50.7092	16.3697	69.4350
邯钢	3.2739	50.7700	17.6174	71.6613
石钢	1.8891	50.2931	19.7525	71.9347
鞍钢集团	0.7292	50.7487	18.9028	70.3806
攀钢集团	1.5659	48.6275	16.2940	66.4874
杭钢	1.7501	50.4948	23.5076	75.7525
济钢	2.3554	50.7155	0.6788	53.7498
酒钢	0.3129	45.9412	12.8315	59.0857

注：表中数据根据前述计算得出。

为了进行更清晰的比较，根据表4-4数据做出相关条形图，如图4-24至图4-27所示。

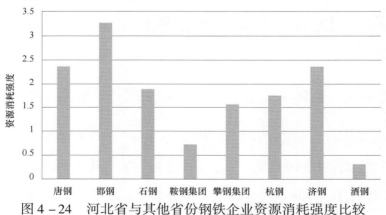

图4-24 河北省与其他省份钢铁企业资源消耗强度比较

从图 4-24 中可以看出，钢厂间资源消耗强度的差异较为明显。其中，邯钢的资源消耗强度得分最高为 3.2739；唐钢和济钢的得分非常接近，仅次于邯钢；石钢、邯钢和攀钢集团的资源消耗强度相对处于中等水平，得分位于 1.5~1.9 分之间；然而，酒钢和鞍钢集团的得分明显偏低，低于 1 分。

通过对比可见，河北省钢铁企业的资源消耗强度状况较为良好。邯钢最好，是酒钢和鞍钢的三倍多，可见邯钢企业生态效率较高。唐钢和石钢也算不错，比鞍钢、攀钢、杭钢、酒钢都好。整体上看河北省钢铁企业资源消耗强度高于国内其他省份。

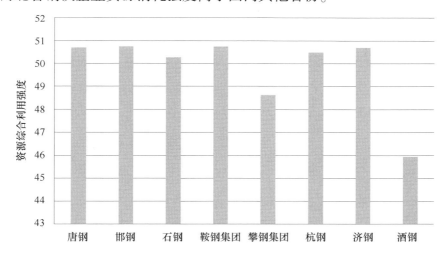

图 4-25   河北省与其他省份钢铁企业资源综合利用强度比较

从图 4-25 中可以看出，钢厂间资源综合利用强度的差异不显著。其中，邯钢、鞍钢集团、济钢、唐钢、杭钢和石钢的资源综合利用强度得分处于 50~51 之间，略高于其他两个钢厂；攀钢集团的得分为 48.6275，酒钢得分最低为 45.9412 分。

通过对比可见，河北省钢铁企业的资源综合利用状况相对较为良好。

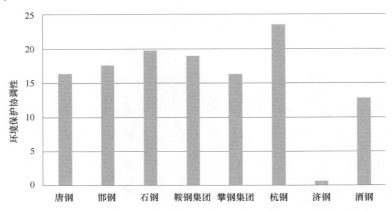

图4-26 河北省与其他省份钢铁企业环境保护协调性比较

从图4-26中可以看出，钢厂间环境保护协调性的差异较为明显。其中，杭钢的资源保护协调性得分最高，为23.5076分；而济钢的资源保护协调性得分最低，仅为0.6788分，二者相差34倍多；唐钢、邯钢、石钢、鞍钢、攀钢集团得分较为接近，均位于16~20之间；酒钢的得分与以上几个钢厂有一定差距，为12.8315分。

通过对比可见，河北省钢铁企业的环境保护协调性状况相对较为良好。说明河北省钢铁企业在环境保护方面做了很多工作。

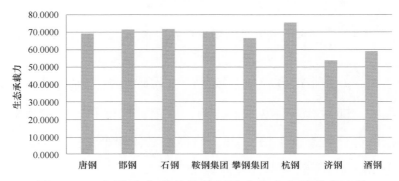

图4-27 河北省与其他省份钢铁企业生态承载力比较

从图 4-27 中可以看出，钢厂间生态承载力的差异不显著。其中，杭钢的生态承载力得分最高，为 75.7525 分；石钢、邯钢、攀钢集团、唐钢和攀钢集团的得分较为接近，均位于 66～72 分之间；酒钢和济钢的得分偏低，分别为 59.0857 分和 53.7498 分。

通过对比可见，河北省钢铁企业的生态承载力状况相对较为良好。无论是资源消耗强度、资源综合利用、环境协调性、生态承载力，几项指标河北省都比较有优势，说明河北省的钢铁企业对生态是重视的，奠定了河北省在全国钢铁大省的地位。为京津冀协同发展，为钢铁去产能都将做出贡献。

（二）河北省与其他省份钢铁企业生态承载力指数比较

同样，根据前述计算支撑力指数❶、压力指数❷和生态承载力指数❸的方法，计算出以下八家钢铁企业的生态承载力指数（表 4-5），测算结果从略。

表 4-5　"十二五"期间河北省与其他省份钢铁企业生态承载力指数比较

企业	支撑力指数	压力指数	承载力指数
唐钢	50.7092	18.7258	0.9496
邯钢	50.7700	20.8913	1.0607

---

❶ 支撑力指数 = 资源综合利用强度。
❷ 压力指数 = 资源消耗强度 + 环境保护协调性。
❸ 承载力指数 = 压力指数 × 支撑力指数/1000。其中，大于 1 为生态健康，等于 1 为生态适宜，小于 1 为生态超载。进一步划分，大于 0.8 同时小于 1.0 属于轻度生态超载，大于 0.4 同时小于 0.8 属于中度生态超载，大于 0 同时小于 0.4 属于重度生态超载。

续表

企业	支撑力指数	压力指数	承载力指数
石钢	50.2931	21.6416	1.0884
鞍钢集团	50.7487	19.6320	0.9963
攀钢集团	48.6275	17.8599	0.8685
杭钢	50.4948	25.2577	1.2754
济钢	50.7155	3.0342	0.1539
酒钢	45.9412	13.1444	0.6039

为了进行更清晰的比较，根据表4-5数据做出相关条形图，如图4-28和图4-29所示。

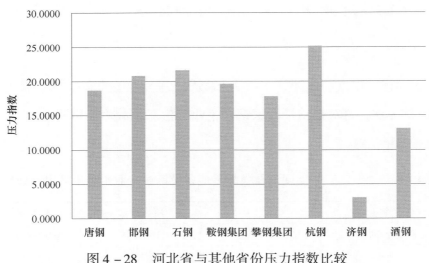

图4-28　河北省与其他省份压力指数比较

从图4-28中可以看出，钢厂间压力指数的差异较为明显。其中，杭钢的压力指数最高为25.2577，而济钢的压力指数最低仅为3.0342，杭钢是济钢的8倍多；唐钢、邯钢、石钢、鞍钢集团、和攀钢集团的压力指数较为接近，位于17.8~21.7之间；酒钢的压力指数偏低为 13.1444。

通过对比可见，河北省钢铁企业的生态压力状况相对较为良好。为河北省的经济社会发展奠定了良好的生态基础。

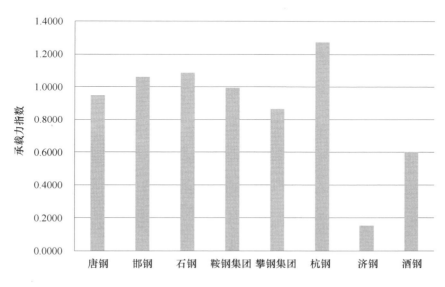

图 4 – 29　河北省与其他省份承载力指数比较

从图 4 – 29 中可以看出，钢厂间生态承载力指数的差异较为明显。其中，杭钢、石钢和邯钢的承载力指数均高于 1，属于相对生态健康；鞍钢集团的承载力指数为 0.9963，属于相对生态适宜；唐钢、攀钢集团的承载力指数较为接近，大于 0.8，属于相对轻度生态超载；酒钢的生态承载力为 0.6039，属于相对中度生态超载；而济钢的承载力指数仅为 0.1539，属于相对重度生态超载。

通过对比可见，河北省钢铁企业的生态承载力状况相对较为良好。

第五章　河北省钢铁企业
提升生态承载力对策与措施

　　针对第四章对河北省钢铁企业生态承载力评价发现的问题，结合河北省"十三五"规划和河北省钢铁企业压减产能目标，选择河北省钢铁企业低碳生态路径来提升河北省钢铁企业生态承载力，并提出相应的对策措施。

一、河北省钢铁企业生态发展存在的问题

　　通过上述分析评价，归纳出河北省钢铁企业生态发展存在的问题。

（一）河北省钢铁企业生态效率存在问题

　　从最能反映钢铁效率的资源消耗强度来看："十二五"期间河北省钢铁企业资源消耗强度参差不齐，有的企业资源消耗强度高，有的企业资源消耗强度低。比如，吨钢耗电宣钢、承钢、新兴铸管、河北津西、河北敬业几家企业下降较为明显，说明节能减排取得了一定成效。但唐钢、邯钢、石钢等企业个别年份有小幅回升的现象，

说明节能工作还有一定的差距。

"十二五"期间，河北省钢铁企业吨钢耗新水量趋于稳中有降的趋势。而宣钢、石钢等企业吨钢耗新水呈小幅上升趋势。按国家大的战略安排，"十二五"期间钢铁行业钢产量要大幅下降，但河北省钢铁企业吨钢耗新水下降幅度与钢铁产量降幅不匹配，足以说明河北省钢铁企业新水能耗下降仍有足够空间。河北省是缺水大省，钢铁企业一直是耗水大户，高耗能、高耗水的现象还很严重。

（二）河北省钢铁企业生态水平存在问题

从最能反映钢铁企业生态水平的环境保护协调性方面来看："十二五"期间，河北省部分钢铁企业单位废气二氧化硫排放量大都呈现逐年下降的趋势，其中唐钢和石钢下降比例相对较高。但小企业下降不明显，像河北敬业、河北津西等集团，还有小幅回升的趋势。按照钢铁企业化学需氧量排放下降标准，河北省钢铁企业化学需氧量排放量还需要做很大的努力，节能减排任重而道远。而烟尘排放量"十二五"期间的前三年有小幅增长趋势，有两家企业减少较为明显。分析原因不难看出，2015 年是"十二五"攻关最后一年，各大钢铁企业节能减排压力较大，企业为完成节能减排任务目标，加大了节能减排力度所致。

（三）河北省钢铁企业生态承载力存在问题

从河北省钢铁企业生态承载力评价结果可以看出：2011—2015

年间，在八家钢铁企业中有过半数的企业生态承载力是持续上涨的趋势，其中包括首钢长治、河北敬业、新兴铸管和邯钢等，但是仍有唐钢、宣钢等企业的生态承载力有下降趋势。具体表现出如下问题：

环境保护协调性相对较低。环境保护协调性主要体现在钢铁企业外排废气、废水、废渣等对环境造成影响或无污染的程度，2011—2015年间，唐钢、宣钢等企业的环境保护协调性有逐年下降趋势（表4-2）。

资源综合利用强度对生态承载力作用不够明显。钢铁企业生态承载力评价中，资源综合利用强度起到50.77%的权重作用，生态承载力的高低很大程度上取决于钢铁企业资源综合利用强度的状况。而2011—2015年间，八家钢铁企业的资源综合利用强度变化不大（表4-2），甚至个别企业五年间的资源综合利用强度没有什么变化。而资源综合利用强度主要是指资源重复利用状况的评价，所以河北省主要钢铁企业的资源重复利用状况相对较差。

资源消耗强度仍有待提升。资源消耗强度主要用来衡量钢铁企业生产过程中对能源的消耗依赖程度，这一指标主要表现在吨钢能耗、吨钢新水耗等指标。从八家主要钢铁企业评价数据可以看出，大多数钢铁企业的资源消耗强度有所下降，说明资源消耗量在减少，资源依赖程度有所下降。但是仍有个别企业资源消耗强度有所增加，如河北敬业、邯钢等企业（表4-2）。这说明河北省钢铁企业资源消耗降低仍待加强。

（四）河北省钢铁企业政策监管存在问题

政策机制不完善、监管不精细。表现在有利于节能降耗的价格、财税、金融等经济政策还不够完善，基于市场的激励和约束机制还不够健全，有的落实还不及时、不到位；节能工作习惯于采用行政手段，市场配置资源的决定性作用发挥不够。注重见效快、立竿见影的节能措施，对周期长、见效慢的措施缺乏力度，节能精细化程度有待提高，监测监察能力亟待加强。

节能后续动力不足，节能管理有待提升。在经济下行、效益下降的形势下，不少企业资金不足，惜投节能改造，节能缺乏持续动力。一些企业面对艰巨的节能任务，管理能力还不能适应，有些问题协调难度大。

二、河北省钢铁企业提升生态承载力实现路径

如前所分析河北省钢铁企业生态现状，笔者认为能说明问题。要在"十三五"期间完成国务院下达的钢铁消减目标，一味地从数量上压产量肯定也会减少产值，会带来企业效益和人员就业等诸多问题。所以，笔者探索从生态效率上去产能，即通过提升钢铁企业生态效率和水平，提高资源消耗强度，提高环境协调性，来达到质的飞跃。生态水平提升了实现效率层面的钢铁去产能。生态水平提升路径很关键。

（一）结构节能提升路径

把结构节能作为提升河北省钢铁企业生态承载力的主要路径。钢铁去产能不是大面积关闭钢铁企业，而是要大力调整产品结构，跳出低端同质竞争模式，以产品高端化和客户高端化推动钢铁整体进入高端循环。努力提高结构节能在节能中的贡献率。钢铁企业新上项目能耗必须控制在能耗总量之内，新建高耗能项目单位产品（产值）能耗必须达到国际先进水平，主要用能设备达到一级能效标准，从源头把好用能关。落实到以下几方面：①从高端、高价、高效"三高比"入手。"三高比"由钢铁企业目前的60%提高到"十三五"的75%以上，其中高端产品比例由目前的不足20%提高到30%以上。②从品种钢入手。将品种钢比例由目前的84%提高到"十三五"末的92%以上。③从合金比入手。将合金比由目前的70%左右提升到"十三五"末的85%左右。通过这几个结构调整，逐步压减低附加值普通钢的产量，增加优质高附加值品种钢比例。间接提高资源消耗强度，降低吨钢耗新水、吨钢耗电量，到2020年吨钢综合能耗持平、吨钢耗新水降低0.6%、吨钢平均电耗降低0.4%，就能通过提升生态效率，实现钢铁效率层面的去产能。④强化节能对产业结构调整的"倒逼"作用。建立发展与节能综合协调机制，把节能的管控目标作为企业发展的决策依据，优化钢铁产业结构和产业链条布局，淘汰能耗超标的落后产能和设备。⑤推进循环经济的发展。协力推进钢铁生产工艺过程和末端废弃物处理的减量化、资源化和再利用，从生产全过程实现能源、原材料消耗的节约。调结构提升生态效率实现去产能。

例如，河北省石钢的结构减排。"十二五"期间，石钢积极采取了压缩产量、优化全产业链和产品结构等措施。2011 年将污染最重的烧结工序搬迁至离市区 70 千米的井陉矿区，由全部使用自产烧结矿调整为使用 70% 自产烧结矿、外购 20% 球团和 10% 块矿。钢产量由 260 万吨压减到目前的 170 万 ~ 180 万吨左右，大力推广易切削非调质钢等绿色低碳高品质特钢，合金比由 50% 提高到目前的 75% 以上。另外，加热炉、锅炉、热风炉、烤包全部以自产高炉煤气、转炉煤气等清洁能源为燃料，彻底替代了高污染的煤；以上措施使二氧化硫、烟粉尘等污染物削减了 80% 以上。

例如，河北省宣钢在 2016—2017 年要拆除 1 座 450 立方米炼铁高炉，压缩炼铁产能 52 万吨；拆除 1 座 120 吨炼钢转炉，压缩炼钢产能 120 万吨。规划整体搬迁出张家口。以宣钢保留的产能联合河北唐钢、河北承钢部分优化产能一并整合重组，向唐山沿海地区搬迁，先期建设 1000 万吨级精品钢基地。

（二）技术节能提升路径

河北省钢铁企业把节能技改项目作为实现技术节能的重要载体和提升生态承载力的重要路径，确保节能技改项目不断档、持续发挥提高能效的主导作用。我国的钢铁企业民营企业居多，以河北省为例，民营钢铁企业产能占河北省钢铁产能的 70% 以上。大部分民营钢铁企业主要以粗放型为主，产品质量差、能耗高、技术落后、环境污染严重。实现去产能，首当其冲是提技术，引进国际先进技术，替换落后产能。具体说：①炼制技术方面。重点引进推广高温烟气净化回收利用技术，加强焦炉焦化工序改造，重点推广高效节能炼制技术、全密闭矿热炉高温烟气干法净化回收利用技术、高炉优化炉料结构和长寿命技术、新型高导热高致密硅砖节能技术等，强化二次能源再利用。②产能布局方面。以旧厂址搬迁新厂址淘汰落后产能，比如河北省正在实施的石钢搬迁、宣钢搬迁战略，通过新建重组，推动钢铁产业升级和技术进步。③资源循环利用方面。所有的钢铁企业都面临着资源循环利用的难点问题，诸如钢铁冶炼过程中的水资源综合利用、污水处理、中水回用、余热发电、余热回收等环节。如重点抓好河北敬业集团有限责任公司余热发电、余热回收、电机系统节能等节能综合改造项目。

到 2020 年，我国钢铁行业吨钢综合能耗平均降低 10 千克标煤以上。通过提升生态水平，一定程度上实现钢铁效率层面的去产能。

例如，石钢的项目减排。石钢坚持高标准环保系统治理，持续加大环境技术、综合治理投入。"十二五"期间累计环保投资 9 亿元，吨钢直接环保投资达 80 元。先后实施了近 50 余项环境治理工程；现有环保设施 138 套，环保设施年运行费用 2.3 亿元，吨钢环保设施运行成本 130 元。通过技术措施，石钢全面完成河北省"双三十"节能减排目标，污染物排放总量大幅下降。2015 年，吨钢二氧化硫、烟粉尘、COD 排放量分别为 0.2 千克，0.40 千克，0.014 千克，远远优于国际国内先进企业水平。主要污染物烧结二氧化硫、烟粉尘、氮氧化物排放浓度分别控制在 120~150 毫克/标准立方米，

20 毫克/标准立方米，200 毫克/标准立方米以下；吨钢综合能耗、吨钢新水消耗、水循环利用率分别为 553 千克标准煤，2.95 立方米，97.7%，能源指标达到同行业先进水平，石钢主厂区已成为世界最清洁钢铁工厂之一（表 5－1）。

表 5－1　石钢环保指标　　　单位：千克/吨

环保指标	COD	SO$_2$	烟粉尘
石钢吨钢排放量	0.014	0.2	0.40
国内企业平均水平	0.049	1.56	0.93
钢铁企业清洁生产二级标准	0.08	1.2	0.8
钢铁企业清洁生产一级标准	0.06	0.8	0.6

（三）管理节能提升路径

河北省钢铁企业把管理节能作为提升生态承载力和推进节能挖潜的手段之一，从系统化、规范化、精细化管理中要节能。一是强化系统管理。按系统分析用能，实现系统能耗流的平衡、优化，减少"大马拉小车"浪费能源的现象。二是强化管理机制。加强工序、岗位、环节的用能精细化管理，完善能耗限额、能源计量、能源统计、能耗报告制度，严格考核奖惩和责任追究，把能耗行为控制在制度监督之下。三是强化监督检查。重点用能单位要建立能源管理系统或能源管理中心，建立即时反映能耗状况的信息监测平台，及时纠正不合理用能状况，合理调度用能，深挖管理节能潜力。通过强化节能管理，进一步提高管理节能水平，力争通过管理节能达到钢铁企业总节能量的 20% 左右。

如石钢的管理减排。石钢在全公司树立"不环保就不生产"的理念，环保设备与生产设备的运行管理和检查维护同等重要，环保设备一旦发生异常，生产必须停下来。此外，针对重污染天气，石钢以更加积极主动的态度和强有力的措施，为改善省会空气质量，进一步履行企业责任和社会责任。一是制订了严密的生产预案和措施。铁、钢日产量由 8000 吨压到 6000 吨以下的基础上，在重污染天气预警情况下，日产再压减至 5000 吨。二是采取了强有力的超常措施：电炉初炼炉全部停产，同时主动将三座高炉中的 1 号高炉阶段性停产。主要污染物烟粉尘、二氧化硫、氮氧化物日削减量分别实现 1114 千克，327 千克，146 千克。

石钢始终立足发挥自身优势，建立钢铁企业绿色产业链，大力发展循环经济，实现与社会和谐共生。近两年利用钢铁生产过程中产生的余热向城市供暖，2014 年达 300 万平方米。仅采暖期就可节约 7.5 万吨标煤，减排二氧化硫 800 吨、氮氧化物 383 吨、烟粉尘 123 吨、二氧化碳 13.6 万吨。在替代减排和保民生上做贡献。同时，石钢结合实际情况，在控尘、控车等方面也采取了有效措施。投资 140 万元购置 2 台机械自动清扫车，减少路面清扫扬尘；投资 60 万元购置了喷雾抑尘装置，对装卸料作业实施喷雾抑尘。

三、提升河北省钢铁企业生态承载力及绿色发展对策措施

（一）注重发展高端产业链

河北省钢铁企业高端产业链体现在钢材深加工方面。要依托河北省钢铁企业现有的产品特色和用户优势，以延伸产业链、提升价值链为主线，完善钢材后部处理工艺。以石钢为例，利用石钢新基地精整线、银亮线及调质热处理生产线等，全面承接钢材后部处理业务，预计后部处理能力达到 120 万吨/年，增加产值近 5 亿元，年利润 8000 万元。逐步扩大产品深加工及配送业务，重点围绕客户需求和石钢短尺材非合同材资源优势，利用石钢二轧厂区投资 3000 万元发展产品深加工及铸锻业务，力争实现产品深加工业务量 10 万吨以上，增加产值创亿元，实现利润 2000 万元。深加工的结果使得资源利用率高、废弃物利用率高、废弃物排放减少，必将提高生态承载力。石钢的案例可以在河北省其他钢铁企业起到示范作用。

（二）推进能源流系统管理和优化

以稳定现有产能规模和能耗水平、落实政府节能减排目标、能源结构与消耗持续改善为目标，积极推进能源流系统管理和优化，持续提高能源利用效率、降低能源消耗。以石钢为例，能源流系统管理和优化后，预计到"十三五"期间的 2017 年，各项节能减排指

标均有所改善，与 2015 年相比：高炉入炉焦比降低 1.4%，高炉喷吹煤比提高 3.2%，吨钢综合能耗持平，吨钢耗新水降低 0.6%，吨钢平均电耗降低 0.4%，固体废弃物利用率仍保持 100%。这将切实可行的推进钢铁企业生态承载力的提升。

（三）强化责任考核制度

河北省钢铁企业将国家和河北省减碳、节能目标和任务合理分解落实到各钢铁企业。明确减碳、节能责任分工和目标进度要求，做到责任、措施和投入到位。严格执行问责制，建立健全相应的减碳、节能目标考核奖惩制度，落实奖惩措施。各钢铁企业每年向当地政府报告减碳、节能目标完成及措施落实情况。政府组织开展减碳、节能目标责任评价考核，并将考核结果向社会公告，接受社会和舆论的监督，对成绩突出的钢铁企业单位和个人给予表彰奖励，这些制度有助于提升河北省钢铁企业生态承载力和实现绿色生态发展。

（四）强化技术支撑体系

加强节能技术研究。鼓励钢铁企业节能科技创新，把节能降碳共性和关键技术研发列为企业科技攻关重点领域和优先主题，着力解决节能降碳的技术制约问题；加强节能管理政策研究、节能管理服务的监测和监控技术研究；引导企业加大节能方面的技术创新投入，完善以企业为主、产学研相结合的成果转化体系，推动科技成果的转化。大力推广节能技术。按照市场需求和政策导向，建立节能技术成果数据库与科技资源共享平台。推广应用成熟的节能新技术、新工艺、新设备和新材料。加强节能技术产业化示范工作，在重点耗能节点，推广一批潜力大、应用面广的重大节能降碳技术，优先支持拥有自主知识产权的示范项目。拓宽节能合作领域。鼓励钢铁企业积极开展形式多样的对外交流合作，与国际、国内大型钢铁企业建立节能合作机制，引进、消化、吸收国内外先进节能降碳技术。在清洁发展机制方面利用发达国家同我国开展应对气候变化合作为契机，争取国际、国内组织对河北省节能的技术和资金支持。在技术层面上提升河北省钢铁企业生态承载力和实现生态绿色发展。

第六章　结论与展望

　　钢铁去产能是国家花大力气要解决的问题，涉及我国东、西、南、北。很多钢铁企业都设在内陆地区，且传统钢铁企业居多，其特点都是高耗能、高耗水、低附加值。钢铁去产能单靠压减产量是去不掉的。必须从质量上、从效率上另辟蹊径。提升钢铁生态水平和效率就是个有效路径，实质是提升的资源消耗强度，提升的环境协调性。本书分析的河北省钢铁生态现状和生态水平、生态效率，基本上就是我国钢铁企业的现状。只要压减产量、提高质量、优化效率三管齐下，我国实现钢铁去产能的目标就能实现。

一、研究结论

（一）河北省钢铁企业效率水平参差不齐

　　从最能反映钢铁效率的资源消耗强度，包括吨钢耗电、吨钢耗新水、吨钢综合能耗三个方面分析，得出河北省大型骨干钢铁企业在吨钢耗电、吨钢耗新水、吨钢综合能耗几个指标上都呈下降趋势，说明节能减排降耗工作有一定成效；但小企业在降耗方面意识淡薄，投资少。如新兴铸管、河北津西、河北敬业、河北纵横几家企业"十二五"变化不大。

（二）河北省钢铁企业生态水平还有差距

从最能反映钢铁企业生态水平的环境保护协调性方面，即二氧化硫排放量、化学需氧量排放量、烟尘排放量三个方面分析河北省钢铁企业生态水平。得出："十二五"期间河北省部分钢铁企业单位废气中二氧化硫排放量大都呈现逐年下降的趋势，其中唐钢和石钢下降比例相对较高。但是在节能减排大趋势下，河北敬业集团下降不太明显，并且在2013年有小幅回升趋势。2015年，统计的钢协会员生产企业化学需氧量排放量比2014年下降25.7%。按照这一统计标准不难发现，河北省钢铁企业化学需氧量排放量仍有较大的降低空间，节能减排任重而道远。企业烟尘外排量大体逐年下降趋势，降低比例相对较高的是河北敬业集团。但是宣钢、首钢等企业在"十二五"期间的前三年烟尘排放量有小幅增长趋势，2015年两家企业烟尘排放量减少较为明显。分析原因不难看出，2015年是"十二五"攻关最后一年，各大钢铁企业节能减排压力较大，企业为完成节能减排任务目标，加大了节能减排力度所致。

（三）河北省个别钢铁企业生态承载力下降

前述分析河北省重点钢铁企业的生态承载力指数从2011年到

2015 年大体呈增长趋势，其中邯钢、河北敬业等企业增长明显。但是唐钢、宣钢等企业有所下降。究其原因，"十二五"期间是钢铁企业发展比较艰难的一个时期，整个行业面临节能减排较大压力，企业在节能减排、脱硫等方面虽然做了大量的工作，比如在脱硫设备的增加和节能减排技术的上马等方面，但由于全球钢铁工业的需求量放缓，河北省的个别钢铁企业生态承载力呈下降趋势。

二、"十二五"期间河北省钢铁企业生态节能分析

（一）"十二五"期间河北省钢铁企业生态节能项目分析

河北石钢在省会石家庄，既是河北省钢铁龙头企业，又是"十三五"期间变化巨大的企业，因此以石钢为案例分析生态节能情况，找出河北省钢铁企业生态节能共性。按照"十二五"节能实施方案，石钢制订了具体实施计划，到 2014 年共安排节能项目资金 5212 万元，共实施了 10 个项目，实现节能量 35338 吨标准煤（表 6 - 1）。

表6-1　石家庄钢铁有限责任公司"十二五"节能技改项目统计表

年份	序号	项 目 名 称	总投资万元	开工时间	投运时间	年形成节能能力吨标准煤
2011	1	溴化锂制冷替代电制冷空调（两套）	970	2011.1	2011.6	854
	2	二轧加热炉天然气改造	356	2011.6	2011.9	2452
	3	炼铁2#高炉BPRT发电	2580	2010.8	2011.5	9800
	合计		3906			13106
2012	1	高炉冲冲渣水余热利用	国融安能投资	2011.9	2012.3	12171
	2	低压动力气源集中供应中心	800	2011.10	2012.4	1953
	3	0#泵站水泵节能改造	82	2011.10	2012.6	353
	合计		882			14477
2013	1	制氧水泵节能改造	277		2013.6	836
	2	电炉连铸机转炉煤气供应改造	37		2013.6	2125
	3	转炉低压配电室变压器加装BPI系统能量优化装置	151		2013.6	465
	合计		465			3395
2014	1	锅炉加烧转炉煤气改造	41	204.3	2014.6	4360
	合计	5212			35338	

资料来源：石钢"十三五"规划整理。

（二）"十二五"期间河北省钢铁企业生态效率目标完成情况

最能反映生态效率的指标是吨钢综合能耗。"十二五"石钢与省政府签订的责任状节能量目标为 106808 吨标准煤。吨钢综合能耗由 2010 年的 584.9 千克标准煤降到 2015 年的 560 千克标准煤（其中 2011 年为 582 千克标准煤，2012 年为 577 千克标准煤，2013 年为 570 千克标准煤，2014 年为 565 千克标准煤，2015 年为 560 千克标准煤）（表 6-2；图 6-1）。

表 6-2　石钢 2011—2015 年吨钢综合能耗

单位：千克标准煤

指标名称	2011 年	2012 年	2013 年	2014 年	2015 年
目标	582	577	570	565	560
实际完成	581.6	575.3	568.4	564.8	560

数据来源：石钢"十三五"规划。

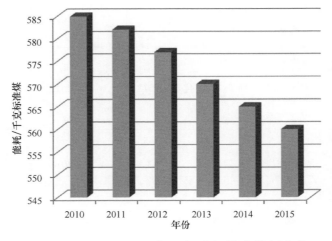

图 6-1　2010—2015 年石钢吨钢综合能耗变化

图 6-1 直观地表达了河北石钢吨钢综合能耗下降趋势。

河北石钢吨钢综合能耗由 2010 年的 584.9 千克标准煤降到 2015 年的 560 千克标准煤，每吨减少 24.9 千克标准煤，全面完成与省政府签订的目标责任状。对比 2014 年中钢协会员单位数据，2014 年中钢协会员单位产钢 65767.27 万吨，比上年增长 1.65%；能耗总量为 29973.34 万吨标准煤，比上年下降 0.49%；吨钢综合能耗为 584.70 千克标准煤，比上年降低 1.22%。河北石钢 2014 年吨钢综合能耗为 564.8 千克标准煤，比全国低了 19.9 千克标准煤，应该说河北省的钢铁企业吨钢综合能耗为全国钢铁企业树了标杆。

（三）"十二五"期间河北省钢铁企业生态水平目标完成情况

以石钢为案例，2015 年，河北石钢化学需氧量排放总量控制在 49 吨以内；二氧化硫和氮氧化物排放总量分别控制在 1980.9 吨、1002.5 吨以内，比 2010 年的 6603 吨、2005 吨分别削减 70%，50%，绝对量上分别减少 4622.1 吨和 982.5 吨（表 6-3，表 6-4）。

表 6-3　石钢"十二五"期间生态水平情况　单位：吨

项　目	"十二五"目标	2011 年	2010 年	削减量
SO$_2$ 排放量	≤1980.9	952.7	6603	85.6%
氮氧化物排放量	≤1022.5	603.2	2005	69.9%
COD 排放量	≤49	30.5	——	——
备　注	2011 年，公司 SO$_2$、氮氧化物排放总量比 2010 年削减 85.6%，69.9%，提前超额完成"十二五"承诺减排责任目标			

资料来源：石钢"十三五"规划整理。

2014 年石钢污染物 SO_2 排放量、氮氧化物排放量、化学需氧量排放量分别为 343 吨、89 吨、24.34 吨。排放总量比 2010 年削减 94.8%，95.6%，绝对量减少 6260 吨和 1916 吨。完成"十二五"承诺减排责任目标（表 6 – 4）。

表 6 – 4　石钢生态水平 2014 年与 2010 年比较　　单位：吨

项　　目	"十二五"目标	2014 年	2010 年	削减量
SO_2 排放量	≤1980.9	343	6603	85.6%
氮氧化物排放量	≤1022.5	89	2005	69.9%
COD 排放量	≤49	24.34	——	——
备　　注	2014 年，公司 SO_2、氮氧化物排放总量比 2010 年削减 94.8%，95.6%，完成"十二五"承诺减排责任目标			

总体看，2011—2014 年河北石钢在减排方面共投资 8171.8 万元，实施了 15 个减排项目，累计实现削减二氧化硫 5967.74 吨、氮氧化物 1603 吨、烟粉尘 1035 吨。2011 年，石钢 SO_2、氮氧化物排放总量比 2010 年削减 85.6%，69.9%，化学需氧量排放总量为 30.5 吨，总量控制在 49 吨以内，提前超额完成"十二五"承诺减排责任目标。

三、主要能耗指标与行业先进水平对比情况

通过查阅全国环境统计公报，整理得出河北石钢主要能耗指标在中国钢铁协会 76 家会员单位中，处于中上等水平。以下取几个有

代表性的钢铁企业进行对比（表6-5）。

表6-5　石钢主要能耗指标与其他企业比较

项目	行业平均水平	行业先进水平	石钢水平	石钢排名
吨钢综合能耗	584.7	504.8（杭钢）	564.8	24
吨钢电耗	469.4	231.9（宣钢）	535	57
吨钢水耗	3.3	1.7（凌源）	3.27	36
烧结工序能耗	48.3	35（承钢）	47	24
炼铁工序能耗	395.3	322.4（涟源）	368.8	8
转炉工序能耗	-17	-29.3（邯钢）	-13.5	25
轧钢工序能耗	50.5	25.8（邯钢）	64.1	18

数据来源：全国环境统计公报2015年整理。

从表6-5可看出，石钢吨钢综合能耗、吨钢水耗、烧结工序能耗、炼铁工序能耗四项指标低于行业平均水平，排在76家的前三分之一，高于行业先进水平。其他吨钢电耗、转炉工序能耗两项指标高于行业平均水平和行业先进水平。当然，细分析，石钢公司属于特钢企业，特钢固有的生产工艺以及多品种、小批量特点与普钢企业是不具备可比性的。同时，随着公司产品结构优化调整，炼钢工艺全精炼工艺、VD比不断提高，以及钢后工艺生产线延伸等，公司综合电耗与普钢企业相比较高。同时，石钢公司地处石家庄市区，一直致力于企业和社会共生，在企业持续发展的同时，不断加大绿化、环保等投入，原燃料入厂物流等压力也日渐增加。河北的宣钢、承钢、邯钢在几项指标上，在行业都是做得不错的。

四、河北省钢铁企业生态预期目标展望

（一）"十三五"河北省钢铁产能布局

"十三五"期间，河北省钢铁企业积极响应国家去产能号召，努力完成国家下达的河北省钢铁去产能目标，将以科学发展观为指导，继续实施差异化特钢精品战略，走专业化、精品化、特色化、高端化道路。积极推进环保搬迁产品升级改造新基地建设项目，力求达到工艺钢铁企业技术升级、装备升级、产品结构升级、管理升级。

1. 钢铁产能规划布局

"十三五"期间，河北省有的钢铁企业，如石钢将实施环保搬迁产品升级改造项目，建设石钢新基地，钢铁产能将实现等量减量置换，产能将逐渐释放，达到设计能力，不再增加钢铁生产能力；将比"十二五"实现减量调整，达到铁280万吨/年、钢400万吨/年、钢材270万吨/年、铸锻材10万吨的生产能力。有的企业，如宣钢实现整体搬迁，产能重组。有的企业为推进钢铁行业去产能，如唐钢享受财政配套资金1亿元/年奖励补助钢铁行业去产能，确保2017年唐钢压减861万吨钢、933万吨铁产能目标完成。

2. 主要产品产量规划情况

由于每个钢铁企业产品特色不同，以石钢为案例描述"十三五"

期间，石钢公司主要产品产量规划目标，以分析钢铁企业产品结构（表6–6；图6–2）。

表6–6 石钢公司2016–2020年主要产品产量规划目标

单位：万吨

项 目	2016年	2017年	2018年	2019年	2020年
生铁	252	259	280	280	280
粗钢	240	263	315	315	315
钢材	202	220	260	260	260
外销连铸圆坯	20	15	20	20	20
铸件、锻件及锻材	4	8	10	10	10

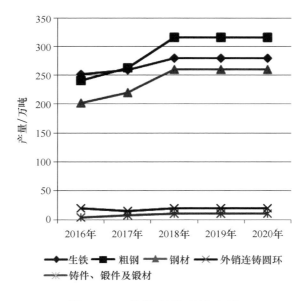

图6–2 几种产品产量走势

从图6–2可看出：石钢"十三五"期间，生铁、粗钢、钢材产量走势是增长的，在 2018 年到 2020 年变化不大，实际上是去产能的结果。而其他产品产量变化不大。

生铁、粗钢、钢材占到产量的 96%，其他只占 4%（图 6 - 3）。

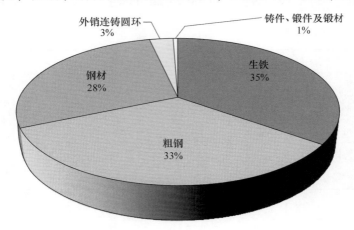

图 6 - 3　几种产品产量所占比例

这虽然是石钢的产品产量走势和产量结构，但一定程度上说明了河北省钢铁企业的发展态势。

（二）"十三五"河北省钢铁产品结构

选择了和石钢产品结构相似的江阴兴澄特种钢铁有限公司做对比，目前石钢产品结构、平均售价等与优秀特钢企业兴澄特钢相比还有一定差距，主要体现在：一是高端产品比例偏低，如高端汽车用钢、高标准轴承钢、高端弹簧钢、高端链条钢、高压锅炉管等产品的市场占有率偏低；二是高端产品轴承钢、齿轮钢质量档次水平与世界知名企业的要求有一定差距。"十三五"期间，石钢将进一步优化产品结构、提高产品档次、提高产品质量、拓展品种规格、丰富产品系列，实现产品的晋档升级，做专做精做优特钢产品（表6-7）。

表6-7　石钢"十三五"产品结构基本构想　单位:%

内　　容	"十二五"	"十三五"	增长
三高比（高端、高价、高效）	60	75	15
品种钢比例	84	92	8
合金比	70	85	15

总体来说，通过装备升级，加强产品深度对标和技术创新工作，大力提高高端轿车用齿轮钢、合金弹簧钢、高标准轴承钢、创效能力强的易切削非调质钢质量档次和产品销量，减少低档次的普通碳结钢、合金结构钢、低合金高强度钢比例。这也是质量去产能（表6-8；图6-4，图6-5）。

表6-8　到"十三五"末品种结构变化

钢种分类	2014 年		2020 年		变　　动	
	比例/%	数量/万吨	比例/%	数量/万吨	比例/%	数量/万吨
碳结钢	43	27.7	30	15	-13	-12.7
齿轮钢	40	26.1	60	30	20	3.9
合结钢	34	22.1	40	20	6	-2.1
弹簧钢	9.2	6	18	9	8.8	+3
轴承钢	13.3	8.6	26	13	12.7	+4.4
易切非调质钢	8.7	5.6	16	8	7.3	+2.4
高压及油井管坯	1.4	0.9	4	2	2.6	+1.1
低合金高强度钢	3.9	2.5	2	1	-1.9	-1.5

钢种分类	2014 年		2020 年		变　动	
	比例/%	数量/万吨	比例/%	数量/万吨	比例/%	数量/万吨
锚链及系泊链钢	0.7	0.5	3	1.5	2.3	1
其他类	0.1	0.1	1	0.5	0.9	+0.4
合　计	155	100.0	200	100	45	−0.1

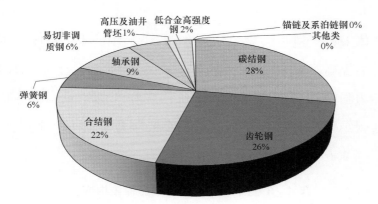

图 6 - 4　2014 年钢种结构

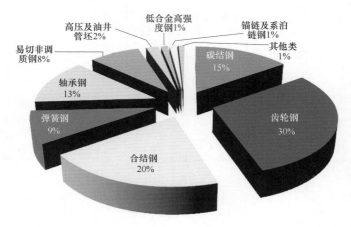

图 6 - 5　2020 年钢种结构

2020 年与 2014 年比较，齿轮钢、弹簧钢、轴承钢等优质钢比例增加了，低值钢比例减少了，从质量上去产能。

石钢"十三五"产品结构调整基本构想如下：

1）调整产品结构，形成新的经济增长点。一是完善棒材生产线，生产能够替代进口，抢占高端的、国际领先、国内一流的棒材产品；二是配套完善装备生产线，向高端化、系列化方向发展并形成专业化、规模化的生产能力；三是严控产品质量，提高成套装备产出比例，提升品牌认知度，增强市场竞争力。

2）加强产品研发，不断提高市场竞争力。以市场为目标，促进新产品的开发，把新产品开发和技术创新放在首要位置，尤其是开发核心产品、掌握核心技术，提高产品技术含量，重点开发大型铸锻件、轴类件以及海上平台产品。

3）实施品牌战略，不断提高市场占有率。依托现有成熟品牌，逐步树立公司产品在市场上的知名度，进一步提高公司产品性价比，在技术和产品性能上，紧跟国际先进水平，与奥钢联等国际知名企业建立合作关系，缩小与国内、国际知名品牌之间的差距，赢得良好的市场评价。

（三）"十三五"河北省钢铁市场占有率

将石钢与兴澄做比较，看"十三五"品种结构及市场占有率变化（表 6 - 9）。

表6-9 "十三五"市场占有率变化

行 业	"十二五"市场占有率		"十三五"市场占有率
	兴澄	石 钢	石 钢
汽车用钢	30%	16%（其中轿车用钢市场占有率4%）	汽车用钢市场占有率20%，其中轿车用钢市场占有率达到15%
工程机械	10%	26%	知名品牌工程机械用钢市场占有率35%
铁路及城市轨道交通	20%	25%	铁路（特别是高铁、动车及轻轨等）用钢市场占有率30%以上
轴承加工及制造	80%（高标）	3%（高标）	高标准轴承钢市场占有率达到25%
海洋、矿山机械等	50%	6%	高端圆环链用钢市场占有率20%以上；系泊链10%以上

数据来源：石钢"十三五"规划整理。

也可看出，石钢"十三五"优质钢市场占有份额加大，当然与兴澄还是有很大差距。但是为本企业树立了标杆。

（四）"十三五"河北省钢铁企业生态效率及资源综合利用预期目标

"十三五"期间，正值河北省钢铁去产能关键年，有的企业整体搬迁，有的企业兼并重组。面临着环保搬迁、产品升级改造、投产并逐步达效阶段，节能减排是提升钢铁企业生态效率和提高资源利用率的有效途径。仍以石钢为例，经过调研，河北省钢铁企业提升生态承载力和实现绿色生态发展主要体现在生态效率指标上。根据国家和省政府对钢铁企业的整体布局和要求，2016—2018 年以设计能耗指标达效为目标，2019—2020 年稳定各项能效指标并力争持续改善。

运用动态几何法，以 2015 年数据为基数（表 6 – 10），预测河北省钢铁企业到 2020 年生态效率和水平，以达到提升生态承载力和实现绿色生态发展目标。

表 6 – 10　石钢主要生态效率和资源利用指标

指标名称	单位	2015	2016	2017	（2017/2015）/ ± %
吨钢综合能耗	千克标准煤	560	560	560	0
吨钢新水消耗	立方米	3.27	3.26	3.25	− 0.6
高炉入炉焦比	千克/吨	350	348	345	− 1.4
高炉喷煤比	千克/吨	155	157	160	3.2
吨钢平均电耗	千瓦时	550	548	548	− 0.4
固体废弃物利用率	%	100	100	100	0.00

吨钢新水消耗、吨钢平均电耗，2017 年比 2015 年都有所下降，资源消耗强度提高。

采取的主要措施如下：

1）持续推进原燃料结构优化和富氧操作，降低综合燃料比。

2）持续开展能源使用阶段性分析和动态能源利用课题攻关，不断寻求节能措施，降低能源消耗。

3）持续推进能源管理体系运行，不断优化和改进各工序用能过程，改善不合理用能环节，提高能源利用效率。

表6-10是石钢的情况，对河北省其他钢铁企业有一定示范作用。进一步查阅河北省钢铁企业情况，对河北省钢铁企业进行生态效率和资源综合利用预测（表6-11）。

表6-11　"十三五"河北省钢铁企业生态效率预期目标

指标名称	单　位	2017	2018	2019	2020	（2020/2017）/±%
吨钢综合能耗	千克标准煤/吨	560	560	560	558	-3.57
吨钢新水消耗	立方米	3.25	3.1	3.1	3.05	-6.15
高炉入炉焦比	千克/吨	345	320	315	310	-10.1
高炉喷煤比	千克/吨	160	180	185	190	18.8
吨钢平均电耗	千瓦时	548	557	557	554	1.09
二次能源回收利用率	%	100	100	100	100	0.00
冶金渣综合利用率	%	100	100	100	100	0.00

2020年比2017年生态效率指标都有不同程度的好转，这将有利于提升河北省钢铁企业生态承载力并实现绿色生态发展。

采取的主要措施如下：

1）城市中水利用，给水系统一水多用，串级使用、循环利用和串接补水技术，降低新水消耗。

2）配建燃气锅炉发电站，回收利用富余煤气并实现煤气零排放。

3）水泵、风机等负荷变化较大的设备广泛采用变频调速。

4）烧结余热回收并配建余热发电站。

5）干法除尘和煤气净化装置回收高、转炉煤气。

6）炉冲渣水及软水密闭循环系统余热回收向周边社会供暖，实现社会效益和企业综合收益。

7）高炉渣超细粉工艺。

8）钢渣二次处理及钢渣微粉工艺。

参 考 文 献

2013 年河北削减 6000 万吨钢铁产能冲击波解析 ［EB/OL］. http：//
　　www. chinairn. com/news/20131028/182515311. html. 2013. 10.

白昱. 2014. 低碳生态经济视角下企业碳绩效评价体系及其应用 ［D］. 山
　　东财经大学.

长鼓，张锐. 2005. 企业生态系统的构成及运行机制研究明 ［J］. 科技管理
　　研究，（3）：58～61.

陈光磊. 2007. 论可持续发展生态经济模式的构建 ［J］. 中国市场，13：
　　92～93.

陈润羊. 2011. 新农村可持续发展水平评价研究——以典型区域为例 ［M］.
　　科学·经济·社会，（02）.

陈伟. 2015. 我国钢铁产业生态化水平评价研究 ［D］. 中国地质大学，1.

陈雪莲，傅秋生. 2010. 低碳经济下钢铁企业环境经营战略研究 ［J］. 上海
　　节能，（11）：23～25.

程君. 2011. 浅析钢铁企业发展循环经济的措施 ［J］. 河北冶金，（2）：
　　49～51.

邓思远. 2016. 海河流域水环境支撑绿色生态发展路径选择 ［J］. 生态经
　　济，11.

邓思远. 2015. 河北绿色崛起之水环境评价 ［J］. 经济论坛，6.

邓思远．2014．石家庄市城镇化对生态环境胁迫效应分析［J］．经济论坛，8．

范建平，梁嘉骅．2002．企业生态系统及其复杂性探讨［J］．科技导报，（3）：133～137．

冯兰刚，焦彦臣，都沁军．2009．基于 AHP 的河北省水资源承载能力分析［J］．工业技术经济，7．

冯兰刚．2011．钢铁企业生态经济绩效测度研究［D］．天津大学．

钢铁企业改革主要改革什么［EB/OL］．http：//zhidao．baidu．com/link？url．

戈峰．2002．现代生态学［M］．北京．科学出版社，10：126～154，266～269．

郭娜，王伯铎，崔晨，张秋菊．2011．榆林市生态环境承载力评价分析［J］．中国人口·资源与环境，（21）：104～106．

国家统计局．2011～2015．中国统计年鉴［M］．中国统计出版社．

河北钢铁产能为 2.86 亿吨［EB/OL］．http：//news．machine365．com/content/2013/0827/426321．html．2013．8．

河北钢铁集团石钢公司．2016．"十一五"至"十二五"节能减排情况报告［R］．

河北钢铁集团石家庄钢铁有限责任公司．2016．"十三五"发展规划［R］．

河北计划砍掉 1/3 钢铁产能［EB/OL］．2013．http：//www．qstheory．cn/st/dfst/201304/t20130426_ 226186．htm．4．

河北省 2015 年国民经济和社会统计公报［R］．2016．中国统计局网站．

河北省钢铁工业节能减排现状及对策研究［R］．2007．河北省工业经济联合会，11：1～8．

河北省蓝皮书．2013～2014．河北省经济形势分析与预测［M］．河北人民出版社.

霍尔姆斯·罗尔斯顿. 2000. 环境伦理学［M］. 杨通进译. 北京：中国社会科学出版社，455.

姜楠. 2012. 低碳经济视阈下我国产业结构调整问题研究［D］. 长春理工大学.

姜学民. 1993. 生态经济通论［M］. 北京：中国林业出版社，81～83.

金晖. 2007. 原料准备在钢铁企业发展循环经济中的作用［J］. 冶金经济与管理，（1）：41～43.

李钒，侯远志. 2008. 我国钢铁企业发展循环经济的模式比较［J］. 企业改革与管理，（5）：15～16.

李光强，朱诚意，2006. 钢铁冶金的环保与节能［M］. 北京：冶金工业出版社，1～28.

李国团. 2006. 日本钢铁企业发展循环经济的做法［J］. 冶金经济与管理，（1）.

李进涛. 2015. 东营市土地生态经济系统分析［D］. 山东农业大学.

李景云. 2005. 大力发展钢铁工业的循环经济［J］. 中国钢铁，9：9～12.

李树勤. 2010. 我国钢铁企业亟待走上低碳经济道路［J］. 中小企业管理与科技（下旬刊），41.

李训东. 2010. 民营钢铁企业在发展低碳经济中的创新与探索［J］. 中小企业管理与科技（下旬刊），16.

廖福霖. 2003. 生态文明建设理论与实践［M］. 北京：中国林业出版社，14～15.

林涤凡. 2006. 钢铁企业发展循环经济与实施清洁生产的探讨［J］. 天津冶金，（2）：27～29.

刘安治.2007.基于循环经济的钢铁建设项目综合评价体系研究［D］.南京理工大学.

刘树梅，董旭东，王淑燕.2009.我国钢铁企业发展循环经济的实践与探［J］.冶金经济与管理，（3）：13～16.

刘志平，蒋汉华.2002.我国钢铁工业节能展望［J］.中国能源，（9）.

柳克勋，王林森.2010.短流程钢铁企业发展循环经济的模式［J］.再生资源与循环经济，（1）：4～9.

柳克勋，王林森.2009.长流程钢铁企业发展循环经济的模式［J］.再生资源与循环经济，（7）：3～9.

柳克勋.2010.钢铁企业发展低碳经济的若干思考［J］.中国中小企业，（4）：33～34.

柳克勋.2010.关于钢铁企业发展低碳经济的思考［J］.再生资源与循环经济，（4）：11～15.

娄湖山.2009.钢铁工业节能减排的历史重任［J］.冶金能源，（4）.

卢风.2002.论消费主义价值观［J］.道德与文明，（06）：73～84.

卢愿清，史军.2013.低碳竞争力评价指标体系的构建［J］.统计与决策，01：63～65.

鲁莉莉，史仕新.2011.低碳经济视角下钢铁企业未来发展模式分析［J］.中国集体经济，（1）：25～26.

马光宇，黄晓煜.2010.践行循环和低碳经济模式　建设环境友好型钢铁企业［J］.冶金管理，（1）：9～11.

苗泽华.2012.工业企业生态系统及其共生机制研究［J］.生态经济，（7）.

苗泽华.2013.论工业企业与生态工程良性发展［J］.生态经济，（12）.

潘贻芳，刘子先，门峰.2007.钢铁成本对钢铁工业国际竞争力的影响

[J].中国冶金,(5).

屈桢翔.2013.基于低碳经济视角下的企业环境成本信息披露研究—以几大钢铁企业为例 [D].西南财经大学,33~46.

任力.2009.低碳经济与中国经济可持续发展 [J].社会科学家,02:47~50.

十六大以来重要文献选编 [M].2005.北京:中央文献出版社.

生态承载力 [EB/OL].http://www.baike.com/wiki/%E7%94%9F%E6%80%81%E6%89%BF%E8%BD%BD%E5%8A%9B.

苏天森.2007.当前中国钢铁工业节能减排技术重点分析 [J].冶金信息导刊,(3).

唐国华,陈海燕.2010.钢铁企业发展垃圾发电大有可为 [J].再生资源与循环经济,(11).

王殿茹,邓思远.2015.京津冀协同发展中非首都功能疏解路径及机制 [J].河北大学学报,11.

王殿茹等.2016.京津冀水资源优化配置及政策协同机制研究 [M].北京:地质出版社.

王冠文.2013.生态文明与生态价值的当代构建 [J].教育教学论坛,35:149~150.

王坤岩,臧学英.2014.京津冀地区生态承载力可持续发展研究 [J].理论学刊,(1):67.

王文浩.2013.河北省环京津贫困带生态经济协调发展研究 [D].石家庄经济学院.

王彦.2007.钢铁企业发展循环经济的几点思考 [J].冶金经济与管理,(1):39~40.

王义芳 . 2013. 绿色发展是钢铁企业转型升级的必由之路 ［J］ 中国钢铁，
　　（11）：5～8.

吴季松 . 2005. 新循环经济学 ［M］ 清华大学出版社，16～90.

吴月明 . 2008. 钢铁企业发展循环经济大有作为 ［J］. 商情（教育经济研究），
　　（7）：173.

肖彦 . 2011. 系列论文之二低碳经济视角下钢铁企业社会绩效评价 ［J］. 会
　　计之友，（22）：20～22.

邢继俊 . 2009. 发展低碳经济的公共政策研究 ［D］. 华中科技大学 .

徐大立，李广海，赵国杰 . 2006. 基于循环经济的钢铁企业发展模式研究
　　［J］. 中国冶金，（10）：38～41.

徐匡迪 . 2006. 钢铁工业的循环经济与自主创新 ［J］. 上海金属，1.

闫军印 . 2013. 河北省钢铁产业竞争力与技术创新 ［M］. 北京：地质出版社 .

严晓云 . 2011. 常州市钢铁业发展低碳经济的现状、问题与对策研究——该
　　市最大二家钢铁企业调查报告 ［J］. 现代商业，（14）：93～94.

杨建新，徐成，王如松 . 2002. 产品生命周期评价方法及应用 ［M］. 北京：
　　气象出版社 .

殷瑞钰 . 2000. 绿色制造与钢铁工业 ［J］. 钢铁，（6）.

殷瑞钰 . 2002. 中国钢铁业发展与评估 ［J］. 金属学报，38（6）：561～567.

张福明 . 2008. 新一代钢铁厂循环经济发展模式的构建 ［C］. 冶金循环经济
　　发展论坛论文集 .

张金枝 . 2015. 伦理视域中发展低碳经济的价值解读与路径探究 ［D］. 山
　　西财经大学 .

张敏 . 2014. 生态化工产业发展影响因素与评价研究 ［D］. 青岛科技大学，
　　32～40.

张燕 . 2008. 我国钢铁企业发展循环经济的问题及对策 [J]. 阴山学刊，
　（2）：80~84.

中国钢铁工业协会信息统计部 . 2011~2015. 中国钢铁工业环境保护统计月
　报 [R].

周宏春等 . 2013. 生态文明呼唤经济转型 [N]. 中国经济时报，02~18005.

Chan Y L, Yang K H, Lee J D, et al. 2010. The case study of furnace use
　andenergy conservation in iron and steel industry [J]. Energy, 35 (4):
　1665~1670.

Choi M S, Kim D U, Choi S, et al. 2011. Iron reduction process using
　transferred plasma [J]. Current Applied Physics, 11 (5, Supplement):
　S82~S86.

Demailly D, Quirion P. 2008, European Emission Trading Scheme and
　competitiveness: A case study on the iron and steel industry [J].
　EnergyEconomies, 30 (4): 2009~2027.

Gielen D. 2003. CO_2 removal in the iron and steel industry [J]. Energy
　Conversion andManagement, 44 (7): 1027~1037.

Gielen D, Moriguchi Y. 2002. Moddling CO_2 policies for the Japanese iron and
　steelindustry [J]. Environmental Modelling & Software, 17 (5): 481~495.

Lee M. 2008. Environmental regulation and production structure for the Korean
　ironand steel industry [J]. Resource and Energy Economics, 30 (1): 1~11.

Qun Z, Xiaolei H. 2011. The Study on Efficiency of Iron and Steel Enterprise
　and Its Influencing Factors [J]. Energy Procedia, 13: 944~950.

Ren L J, Wang W J. 2011. Analysis of Existing Problems and Carbon Emission
　Reduction in Shandong's Iron and Steel Industry [J]. Energy Procedia, 5:

1636 ~ 1641.

Sheinbaum C, Ozawa L, Castillo D. 2010. Using logarithmic mean Divisia index toanalyze changes in energy use and carbon dioxide emissions in Mexico's iron andsteel industry [J]. Energy Economics, 32 (6): 1337 ~ 1344.

Weston R F, Ruth M. 1997. A Dynamic, Hierarchical Approach to Understandingand Managing Natural Economic Systems [J]. Ecological Economics, (21) (1): 1 ~ 17.

World steel Association. World crude steeloutput increases by 15% in 2010. [EB/OL]. http://www. worldsteel. org/index. php? action—newsdetail&id =319.

后　记

　　钢铁去产能、生态绿色目标、环境协调发展，是21世纪伟大战略。政府官员、专家学者都不遗余力地进行研究。本课题组历时一年多的时间，多次到河北钢铁集团、河北邯钢、河北宣钢、河北石钢等企业进行调研，搜集第一手资料。阅读了大量中外文献，掌握了前沿理论。参加了几次学术研讨会，聆听专家的学术讲座。完成了几个相关项目。在进行了充分的前期准备工作后，运用生态经济学、资源经济学、区域经济学、统计学、计量经济学等研究方法，完成了对河北省钢铁企业生态承载力综合评价，并提出对策措施。本书编写大纲、确定研究思路、前言、第一章中四、五、六、第三章、第五章、后记由邓思远撰写，并审稿、统稿、定稿；第一章中一、二、三、第二章由冯盼撰写；第四章由盖丽征撰写；第六章由盖丽征、邓思远共同撰写。

　　课题组成员是一支年轻的团队，借助河北地质大学自然资源资产资本研究中心和河北省水资源优化协同创新中心、河北省矿产资源开发管理与资源型产业转型升级研究基地三个研究平台，依托河北省社会科学基金2017年度项目"河北省钢铁企业去产能生态路径研究"（HB17YJ021）和2016年度项目"京津冀协同发展中非首都功能疏解路径及机制研究"（HB16YJ021），边学习、边实践、边研究、边写作。学会了很多课堂上、书本上学不到的东西。经过艰辛的努力，终于写出此书。出版此著作的意义已经超出了著作本身。

本书宏观数据采用2011—2016年《河北经济年鉴》《河北统计公报》《中国统计年鉴》《中国钢铁工业环境保护统计月报》等公开出版物，这些刊物提供的数据属官方数据，应该说是准确的、可信的。

非常感谢河北钢铁集团，在进行调研中给予的大力支持。感谢河北省社科基金给予我们立项，感谢《生态经济》杂志社、《经济论坛》杂志社等发表我们的学术论文，感谢地质出版社出版我们的著作，特别要感谢河北省高等学校人文社会科学重点研究基地资助出版经费。一路走来，得到很多前辈、老师的无私帮助和指点，使课题组能一路前行，顺利完成本书写作并付梓出版。

我们最想表达的是：年轻人要勇于开拓进取，不耻下问，虚心向前辈请教。敢于尝试没做过的事情，敢于挑战比较难的事情。在写作过程中，确实遇到的第一难题就是实地调研，如何和企业打交道，如何准确表达我们的意愿和想要搜集的资料，这真是一门学问，看似简单，实则不易。课题组就是在反复和企业、政府部门打交道过程中得到了锻炼，增长了知识和才干。

本书也借鉴、吸收了其他一些书籍、报刊、内刊、网络等资料，这也是我们在此感激不尽的。

2017 年是"十三五"规划的第二年，离 2020 年全面实现小康社会不足 5 年时间了。有很多大的战略需要实施，钢铁去产能、生态效率和水平都是迫切需要解决的问题。在本书出版之际，恰逢 2017 年政府工作报告提出 2017 年工作总体部署：主要污染物排放量继续下降，用改革的办法深入推进"三去一降一补"，再压减钢铁产能 5000 万吨左右，退出煤炭产能 1.5 亿吨以上。加大生态环境保护治理力度，二氧化硫、氨氮化物排放量要分别下降 3%。

课题组将继续立项，跟踪研究，取得后续成果。

课题组

2017 年 3 月